JN274779

「水を育む森」の混迷を解く

――「注目する要因だけの科学」から「全てを背負う科学」への転換――

田中隆文

J-FIC

はじめに

　自然と人間社会との接点を扱う野外科学の分野において近代科学的な捉え方とは一体、何だったのか。本書では、この問題を森林と水との関係から振り返りたい。

　森林があれば洪水も渇水も緩和されるという「森林水源涵養機能論」については、百数十年以上も前から社会と研究者の間で見解の乖離が続いている。本書ではその理由を、「注目する要因だけに着目する」という近代科学の性格と、その近代科学を手放しで受け入れる近代日本の姿勢に辿った。

　1884年に英国で開催された万国森林博覧会において、日本の在来の森林保全技術は高い評価を得ており、1897年には日本は英米に先駆けて森林法を制定し、森林水源涵養機能論を前提とした政策を推進した。しかし、皮肉にもこれらは森林水源涵養機能論の科学技術的な検証の遅れを露呈させ、研究者に明快な回答を迫ることとなった。

　このような「科学技術が社会の後追い」をするという構図は、現代における地球温暖化問題や巨大地震対策にもみることができる。後追いの科学技術が陥りがちな安易な即答や単純比較の回答が、かえって議論の混迷を招くことを、森林水源涵養機能論の百数十年の迷走から学ばねばならない。

　本書では、自然と人間社会との接点を扱う野外科学の分野において、今後どのように「科学」を適用していくべきかという課題について、森林水源涵養機能論の辿った経緯を踏まえ、具体的な展望を示した。ビッグデータ時代の到来に翻弄されることなく、「全てを背負う科学への脱皮」がキーワードとなる。データのコンテキストの重視こそが、森林水源涵養機能論の百数十年の迷走を止める第一歩なのである。

初出一覧

第Ⅰ章　書き下ろし

第Ⅱ～Ⅲ章　下記のⅡ～Ⅲ章に一部加筆
　　田中隆文（2010）森林水源涵養機能論は舶来だったのか？
　　水利科学 312, 33-62.

第Ⅳ章　下記のⅣ章に一部加筆
　　田中隆文（2010）森林水源涵養機能論は舶来だったのか？Ⅱ
　　水利科学 . 313, 37-70.

第Ⅴ～Ⅶ章　下記の2稿を再構成し大幅に加筆
　　田中隆文（2010）森林水源涵養機能論は舶来だったのか？Ⅲ
　　水利科学 . 314, 63-87.
　　田中隆文（2012）森林水源涵養機能の研究方向・研究方針を問う
　　—「交わりの流域情報」から「結びの流域情報」への転換—
　　水利科学 324, 4-29.

目 次

はじめに ……………………………………………… 3
初出一覧 ……………………………………………… 4

第Ⅰ章　期待と混迷の中で　9

　1．広がる社会と科学の隔たり ……………………… 9
　2．混迷の原因 ………………………………………… 10

第Ⅱ章　明治初期における主要国の認識　13

　1．イギリス …………………………………………… 13
　2．アメリカ …………………………………………… 16
　3．フランス …………………………………………… 17
　4．ドイツ ……………………………………………… 21
　5．英領インド ………………………………………… 24

第Ⅲ章　日本の先進性と後進性　29

　1．「舶来ニアラズ」発表の背景 …………………… 29
　2．「舶来ニアラズ」の主張と論調 ………………… 35
　3．「御国の栄誉を海外に揚げること」 …………… 38
　4．万国博覧会における日本への評価 ……………… 40
　5．国際的な関心の高まり …………………………… 45

第Ⅳ章　伝統的水源涵養機能論の評価　49

　1．ワグネルの内国勧業博覧会報告書 ……………… 49

2．「水源涵養土砂扞止方案」をめぐる状況 ………………… 55
　　3．その後の森林水源涵養機能論 ……………………………… 76
　　4．伝統的水源涵養機能論はどう評価されたのか？ ………… 84

第Ⅴ章　森林水源涵養機能論が迷走する理由　89

　　1．森林水源涵養機能論を巡る状況 …………………………… 89
　　2．三軸構造の科学技術社会論的意味 ………………………… 92
　　3．森林水源涵養機能の科学的な解明に向けて ……………… 98
　　4．近代科学に振り回される森林水源涵養機能論 …………… 110

第Ⅵ章　新たな野外科学へ向けて　115

　　1．「注釈を重視する科学」へ ………………………………… 115
　　2．百年の乖離を繰り返さないために ………………………… 117
　　3．「すべてを背おうとする科学」へ ………………………… 119
　　4．注釈とともにデータを使用し理論を適用 ………………… 123

第Ⅶ章　社会に受け入れられる注釈重視科学　125

　　1．伝えるコミュニケーションの必要性 ……………………… 125
　　2．発信すべき注釈情報 ………………………………………… 127
　　3．どのように発信すべきか …………………………………… 130
　　4．重ね合わせのシステム ……………………………………… 135
　　5．信頼性の確保 ………………………………………………… 138

第Ⅷ章　まとめ　141

おわりに ……………………………………………………… 145
謝辞 …………………………………………………………… 149
引用文献 ……………………………………………………… 151
索引 …………………………………………………………… 167

第Ⅰ章

期待と混迷の中で

1．広がる社会と科学の隔たり

　今日、環境保全や自然災害など環境問題に対する現代社会の関心は高く、森林に対する期待も大きい。森林があれば洪水も渇水も起こらず気候も緩和されるという期待は広く人々に抱かれてきた。また、今後の世界の水資源の確保の重要性も指摘され（Oki & Kanae, 2006）、「水を育む森林」（林野庁 HP）という意識の下、森林整備のボランティア活動も活発である。サントリーやコカコーラなど企業も森と水に関する発信をし啓発活動を進めている。森林に期待されるこれらの機能は森林水源涵養機能と呼ばれ、森林水文学（しんりんすいもんがく）（Forest Hydrology）の分野で研究されてきた。

　しかし、森林は蒸散によって地中の水を大気に放出するため、植林をすれば水は失われ、流域の森林を伐採すれば河川流量は増えることが観測されている。この結果と「水を育む森林」というイメージをどう折り合いをつければよいのか、森林水源涵養機能論に関して研究者は何を明らかにすべきなのか、戸惑いつつ、時には使い分け、そして腫れ物に触るように見守ってきたように感じる。

　近年においてもコンクリート貯水ダムの機能を森林で代替できるかどうかが政界から研究者に問われるなど、何を議論すべきなのかという主導権を握ることを研究者が怠ってきた点も指摘されねばならない。

　歴史を紐解けば、1914年に官立林業試験場の最初の森林水文学分野

の研究報告書の緒言に、森林水源涵養機能に関する社会と研究者の認識の乖離が既に指摘されている。それ以来、約百年（後述するように、実は百数十年）、今日においても未だにその隔たりを解消しきれていない。例えば、蔵治（2010）は蒸発作用や水資源涵養機能についての非科学的な神格化は、今もなお根深く続いていると指摘している。

　人々の森林への関心はますます高まり、国民目線での森林水源涵養機能の評価に応えられるだけの情報発信が研究者に求められている今日、森林水源涵養機能に対する社会の期待と研究者の認識との隔たりを、最早、放置するわけにはいかない。この百数十年間、社会は「森林と水」への期待をどのように高めていったのか？　そしてこの百数十年間の研究者の取り組みの研究方向・研究方針のどこかに無理はなかったのか、今それを検証する時期に来ている。

2．混迷の原因

　前述の林業試験場報告（木村・山田、1914）を30年以上遡る1883年（明治16年）、「樹木ヲ伐ツテ水源ヲ涸ラスノ説ハ舶来ニアラズ」（以下、略して単に「舶来ニアラズ」と記す。）というタイトルの論説が大日本山林会報告に掲載された。森林を伐採すれば水源が涸れるという説は、森林があれば水源は涸れないとする、まさに森林の水源涵養機能の論理であり、江戸時代の熊沢蕃山など古くから日本において主張されてきた和製の論理と現代では説明されることが多い。これを「舶来ニアラズ」と主張するこの論説は、水源涵養機能が舶来の論理であると思われかねない状況が当時あったことを色濃く示唆するものである。

　高橋（1971）は、明治時代の治水に関して、「明治維新以来、およそ技術の課題はすべて西欧が手本とされ」、伝統的な治水論はほとんど受け入れられず学問的にも継承されなかったことを指摘している。それでは、森林水源涵養機能論は例外的に継承され1897年（明治30年）の森

林法における水源涵養保安林の採用に至ったのであろうか？ あるいは、伝統的な森林水源涵養機能論は放棄され、その代替として舶来の水源涵養機能論が受け入れられたのであろうか？ いずれにしてもその理由や継承・放棄をめぐる経緯などは、あまり伝えられていない。

　森林水源涵養機能論については、平田徳太郎と山本徳三郎の水源涵養機能論争（遠藤（2002）によれば1925〜1942年）が知られているが、この「舶来ニアラズ」と主張する論説が発表されたのはその40〜60年程も前の1883年（明治16年）であった。また世界最初の科学的な小流域試験研究とされるエメンタールの小流域試験が行われる17年前にあたり、当時はまだ小流域試験研究自体が誕生していなかった。さらに本多静六により必要性が主張され東京都水道水源林が確保されたのが1899年（明治32年）であったが、1883年（明治16年）は、本多静六の東京山林学校入学の前年にあたり、まだ「本多林学」自体も誕生していなかった。この明治前期の森林水源涵養機能の認識状況については、これまであまり紹介されてきていない。しかし、森林水源涵養機能については現代社会でも様々な混乱を生じており、その問題の根源を遡って調査することは重要であろう。そこでまず、この時期の森林水源涵養機能論について探っていこう。

第Ⅱ章
明治初期における主要国の認識

1．イギリス

　明治期の日本の森林水源涵養機能論は舶来だったのかどうか、そもそも当時の諸外国は日本に森林水源涵養機能論を発信できるレベルだったのだろうか？　主要国の森林水源涵養機能に対する認識や森林制度整備の進捗などを比較してみよう。まずイギリスの状況からみる。

　最近邦訳が出版された水資源に関する著作の中に、イアン・カルダー著（蔵治・林　監訳、2008）の「水の革命．森林・食料生産・河川・流域圏の統合的管理」とフレッド・ピアス著（古草訳、沖　解説、2008）の「水の未来．世界の川が干上がるときあるいは人類最大の環境問題」があるが、原著者はともにイギリス人である。また蔵治（2003）に引用されているイギリス森林委員会のガイドライン（Forestry Commission, 2003, Forests & Water Guidelines．図－1）には、「良い森林管理は害が無くいい事尽くめなのに対し、拙い森林管理は様々な害をもたらす」と指摘されている。これらのことは、現代のイギリスにおいて森林水源涵養機能に対する関心が決して低いわけではないことを示しており、森林の水源涵養機能を論じる際にオピニオンリーダーの一翼を担えうることを示している。

　しかし、イギリスにおける森林水源涵養機能論の歴史は意外に浅く、主に20世紀になってからである。もっとも、近世における森林への関心は決して低くはなく、17世紀のイーヴリン（John Evelyn）による造

図−1　イギリス森林委員会のガイドラインの一節
（FORESTRY COMMISSION, 2003, Forests & Water Guidelines. から抜粋）

　良い森林管理と拙い森林管理を対比させ、前者は害が無くいい事尽くめなのに対し、後者は様々な害をもたらすという観念的な二分論が展開されている。

林の実施および造林に関する著作の出版（Evelyn, 1678）などが知られる。しかしそれは造船材料や、製鉄燃料の薪炭などを確保することが目的であった。木質材料・燃料の供給以外の森林の機能はあまり期待されていなかった。イギリスでは洪水は、高潮による海水の逆流によって引き起こされることが多い（相原、1989；飯田、2000）。そのため、洪水が発生しても、原因を山の森林荒廃に求めるよりも海に結びつけることとなる。また渇水に関しては近年では特に深刻な事例として1975〜76年の渇水が記録されているが、大村（1978）によれば、このときでさえ水道の給水停止は実施されなかった（準備は実施された）。水道の

第Ⅱ章　明治初期における主要国の認識

表−1　イギリスにおける近代の森林水源涵養機能に関する年表

1884 年	英国エジンバラ万国森林博覧会。
1887 年	エディンバラ大学に林学講座設置。
1905 年	オクスフォード大学に林学講座設置。
1906 年	シュリッヒの「林学入門書」：直接的＆間接的な森林の有用性。
1919 年	森林法成立：植林による木材生産が第一目的。私有林に対しても権限あり。
1924 年	帝国林学研究所設立。

※水野（2006）を参照した。

給水停止がしばしば実施される日本と比べればイギリスの渇水は深刻ではなく、森林の水源涵養機能への期待も高くはなかった。このようにイギリスでは森林を環境に対する機能と結びつけて考えようという捉え方は19世紀においてはまだ定着していなかった。大学に林学講座が設置されるのも仏独に比べ遅く、ようやくエディンバラ大学では1887年に、オクスフォード大学では1905年に林学講座が設置されたが、日本における山林学校設立（1882年）よりも遅かった。

　森林を木材資源供給の機能としてだけ捉えるのなら、私有林に対する私権の主張を理由なく制限することは容易ではないが、下流に対する水源涵養機能や土砂流出防止機能が重視されると私有林に対する行政による管理が必要とされるようになる。そこで森林の水源涵養機能の定着をみる指標として、私有林に対する行政による管理が法律で定められた年に着目すると、イギリスで森林法が成立したのは1919年で、日本（1897年）に比べ20年余り遅い。日本で「舶来ニアラズ」の論説が発表された1883年（明治16年）の時点では、イギリスにおいては森林の水源涵養機能はまだ広く認識されるには至っていなかった。

2．アメリカ

　1620年、メイフラワー号に乗りイギリスからアメリカへ最初の移民が渡った。乗客102名のうちの3分の1がピューリタン（清教徒）であったという。聖書に忠実であろうとするピューリタンにとって、自然は克

表-2　アメリカにおける近代の森林水源涵養機能に関する年表

1492年	コロンブスのアメリカ大陸発見。
1620年	メイフラワー号　乗客102名のうちの1／3がピューリタン。
1864年	ジョージ・パーキンス・マーシュ著「人間と自然」。 「理不尽な破壊や大がかりな浪費のため、地球は人間の居住に向かなくなりつつあり、いずれは人間は絶滅の危機にさらされることになる。」 「人間は地球の用益権のみを与えられたこと、消費のために与えられたのではないし、まして大がかりな浪費のために与えられたのではない。」
1864年	連邦法で「ヨセミテ渓谷をカリフォルニア州に譲渡」。 条件「その地域を公共の利用、リゾートおよびレクリエーションに」
1872年	連邦法　「イエローストーンを国立公園に指定（80万ヘクタール）」
1875年	アメリカ森林協会（AFA）設立。
1898年	ニューヨーク州立林学カレッジをフェルノウが設立。
1899年	イェール大学内に林学校開校。
1901年	セオドア・ルーズベルト大統領就任、ビンジョーを支持、ミューアの意見も採用。53の野生生物保護区、5の新国立公園。
1903年	ミシガン大学に林学部設置。 この頃アメリカ気象局長官 W. L. ムーア（下院農業委員会で）：アメリカでヨーロッパと同様に行われている研究は、森林が降雨量を増加させたり、洪水を制御するのに重要な役割を果たすという思いつきが無効であることを示している。
1911年	コロラド州で対照流域法による小流域試験がワゴンホィールギャップ（Wagon Wheel Gap）の地で開始。
1912年	Zon: Forests and water in the light of scientific investigation（野口、1989）。
1933年	アルド・レオポルド著「猟獣の管理」。 土地の倫理（Land ethic）土壌・水・動植物などの全体を保護の対象。
1976年	国有森林管理法制定。

※小原（1995）、イッテルン（2006）を参照した。

服し開発されるべき対象であった。当時、キリスト教は自然賛美や自然に美を感じることを禁止していたのである。フロンティア精神とは野生空間を開発し、キリスト教による秩序が支配する地域を押し広げていくことであった。

　しかし、19世紀の後半に変化がみられる。1864年にマーシュが「人間と自然」を著し、「理不尽な破壊や大がかりな浪費のため、地球は人間の居住に向かなくなりつつあり、いずれは人間は絶滅の危機にさらされることになる。」と主張した。1864年にはヨセミテ渓谷がカリフォルニア州に譲渡された際、「その地域を公共の利用、リゾートおよびレクリエーションに」という条件が付され、森林破壊を抑止することになったが、その目的は森林の環境保全効果よりもまずレクリエーション利用であった。1901年にセオドア・ルーズベルト大統領が就任し、野生生物の保護が主張され、53ヶ所の野生生物保護区が指定された。

　1911年にはコロラド州で対照流域法による小流域試験がワゴンホィールギャップ（Wagon Wheel Gap）で開始され、1912年ゾン（Zon）は「森と水を科学で解き明かす（Forests and water in the light of scientific investigation）」を執筆しているが、水文環境の重要性が広く注目されるようになるのは、1933年にアルド・レオパルド（Aldo Leopold）が土壌・水・動植物などの全体を保護の対象とすることを内容とする「土地の倫理（Land ethic）」を主張するのを待たねばならなかった。1976年に国有森林管理法が制定されているが、対象は国有林であり、私有林には及ばなかった。日本で「舶来ニアラズ」の論説が発表された1883年（明治16年）の時点では、アメリカにおいては森林の水源涵養機能に対する認識は未だ芽生えていなかった。

3．フランス

　ミシェル・ドヴェーズ（猪俣禮二訳、1973）によれば、ローマ時代、

ガリアの森林は無限に拡がっていたというが、その後、修道院による開墾や人口増による森林略奪の増加などにより森林破壊が進み、13世紀には森林面積は国土の3分の1未満に減少したという。それに対して、森林保護の動きもあったようである。当時の林務官は「治水林務上級査察役人」と呼ばれ、1319年には、フランス王室に治水森林局が設置された。ただし、その名称は王の魚釣りの場の管理と王の狩猟の場の管理という職務内容を表したものであり、森林の水源涵養機能を背景としたネーミングというものではなかったらしい（ドヴェーズ、1973）。しかしこの名称の組織はその後も長く使用され続け、次第に治水と森林とを関連させた概念として浸透していった。（大革命を経ても存続し、ついに1966年に「治水森林局」が「フランス森林公社」に改組されるまでこの名称は存続した。）1661年のコルベールの勅令では、王室林と地方公共団体と教会の所有林の管理体制整備が定められたが（ピット、手塚・高橋訳1998）、ルイ十四世による大森林の保全は造船用木材の確保が目的であった。1669年のコルベールの勅令により王の林務官は私有林における裁判権を握ることとなって、森林破壊の歯止めとなった（ドヴェーズ、1973）。

　しかし、フランス大革命の勃発により旧勢力の保有していた森林は新勢力による収奪の対象となり、1791年の法律では、所有者は自分の森林をどのように使おうと自由であることが明記された（ピット、1998）。フランス革命時の大規模な森林伐採について、その是非が論争となり、森林水源涵養機能信奉派と懐疑派が対立した（Andréassian, 2000）。信奉派では生物学者ラマルク（Lamarck）（1744～1829）の「土壌を保護している森林を破壊すれば土壌は流出し川は干上がる。」という主張や、農芸化学者ブサンゴー（Boussingault）（1802～1887）の「森林を破壊すれば流水は減少し、湖の水位は低下する。」という主張がなされたが、いずれも哲学的に、あるいは観念的に主張がなされており、データによっ

て実証されたものではなかった。それに対し、懐疑派は、少し時代は下るが、具体的なデータを示して森林への過度の期待を戒めた。例えば、下水道技師ベルグランド（Belgrand）は3つの流域の河川水位変化を観測した結果（1850〜52）、森林が泉や河川に安定的に水を供給している証拠は見出せないことを見出し、またジーンデル（Jeandel）、カントグリル（Cantegril）＆ベロー（Bellaud）は2つの流域の流量観測を実施し（1858〜59）、流出モデルによる解析を試みた。マチュー（Matthieu）は樹冠遮断の観測（1867〜1877）を実施している（Andréassian, 2000）。

　1802年には、森林所有者が主事林務官の前で6ヶ月以前に宣言したあとでなければ、林木の抜き取りや開墾ができなくなり、その6ヶ月の期間中に、同林務官はその開墾に対して意義をとなえることができるようにし、森林破壊の抑制を目指した（ドヴェーズ、1973）。しかし、王政復古時代（1814〜30）には国有林の大規模な譲渡（295万ha⇒127万ha）が実施された（ドヴェーズ、1973）。特に1817年に森林局の業務は森林の専門知識をもたない「登記財産および国有財産収税吏」に委ねられ、対象も国有林と市町村有林だけに縮小されたことは甚だしい森林荒廃を招いた。（ドヴェーズ、1973；水野、2006）

　一方、1824年にはナンシー森林学校が国立高等専門大学の一つとして設置され（水野、2006）、1825年にはモロー・デ・ジョンヌが「森林と気象並びに国土保安との関係（Memoire sur le deboisement des forets）」を著した（野口、1989）。1827年の森林法で、国有林と地方公共団体林がふたたび国の管理下に置かれることが規定され、私有林についても管理が及び、伐採するときには6ヶ月前までに届け出て、森林監視官の同意を得ることが義務づけられた（ピット、1998）。

　19世紀を通じて農民たちによる森林利用は完全に排除されるに至った（ピット、1998）。1842年にはサレル（Surell）が「森林を仕立てれ

表－3　フランスにおける近代の森林水源涵養機能に関する年表

13世紀	森林面積　国土の1/3未満に。森林保護の動き。 林務官名称：「治水林務上級査察役人」。
1319年	王室治水森林局設置。
1661年	コルベールの勅令：王室林と地方公共団体と教会の所有林の管理体制整備。
1669年	コルベールの大勅令：王の林務官は私有林における裁判権を握る。
1791年	所有者は自分の森林をどのように使おうと自由とする法律制定。 フランス大革命による国有財産処分が高林の伐採に。 フランス革命時の森林伐採について、森林水源涵養機能信奉派と懐疑派が論争。
1802年	森林所有者が主事林務官の前で6ヶ月以前に宣言したあとでなければ、林木の抜き取りや開墾ができなくなり、その6ヶ月の期間中に、同林務官はその開墾に対して意義をとなえることができるようになった。
王政復古時代（1814〜30年）国有林の大規模な譲渡（295万ha ⇒ 127万ha）。	
1817年	森林局は、登記財産および国有財産収税吏に委ねられ、国有林と市町村有林だけを対象。
1824年	ナンシー森林学校設置（国立高等専門大学の一つとして）。
1825年	フランス人モロー・デ・ジョンヌ「森林と気象並びに国土保安との関係」。 Memoire sur le deboisement des forets ("Memory on the deforestation of the forests")
1827年	森林法：国有林と地方公共団体林は、ふたたび国の管理下に置かれ、私有林は伐採するときには6ヶ月前までに届け出て、森林監視官の同意を得ることが義務づけられる。
1842年	Surell「森林を仕立てればその土地の流砂を防ぐことができる。森林を失えば流砂のために全くその土地を奪い去られる。」
1850-52年	下水道技師Belgrand　3つの流域の河川水位変化を観測。 結果：森林が泉や河川に安定的に水を供給している証拠は見出せない。
1858-59年	Jeandel, Cantefril & Bellaud　2つの流域の流量観測。 流出モデルによる解析試行。
1862年	ナンシー森林学校のルイ・バラード校長「自然に倣え、その営みを速めよ」。
1867-1877年	Matthieu　樹冠遮断の観測。
19世紀を通じて農民たちによる森林利用を完全に排除。	
1904年	Indian forester誌の掲載論文 Plains forests and underground waters. by H. ナンシー森林学校のE. アンリとロシアのオトツキーの実験：森林内のほうが森林外よりも地下水位が低い。森林はスポンジのように水分を貯蔵するのではなく、むしろ消費しているのではないか。 一年を通じて森林内のほうが、森林が伐採された地域よりも地下水位が低いため、森林のスポンジ効果はない。

※ドヴェーズ（1973）、ピット（1998）、水野（2006）を参照した。

ばその土地の流砂を防ぐことができる。森林を失えば流砂のために全くその土地を奪い去られる」ことを主張し（野口、1989）、1862年に、ナンシー森林学校のルイ・バラード校長は「自然に倣え、その営みを速めよ」と説いた（Thevénon, 2002）。このような森林への環境保全の期待がある一方、前述の懐疑派の観測はこの頃実施され、森林の保全機能についての哲学的な主張を俎上に載せていった。ナンシー森林学校のE. アンリとロシアのオトツキーの実験によれば、森林内のほうが森林外よりも地下水位が低いという結果が得られ、森林はスポンジのように水分を貯蔵するのではなく、むしろ消費しているのではないかと主張された（水野、2006）。この論文は当初はフランス語で記されたが、1904年にはインド森林誌(Indian Forester)に英訳が転載され広く知られることとなった。なお、フランスで広大なはげ山がボランティアにより緑化され泉が回復したというジャン・ジオノの描く「木を植える人」という小説は映画化もされているが、これはモデルもない完全なフィクションだそうである（山本、2006）。

　以上のように、フランスにおいては古くから森林の環境保全機能が注目され、また私有林に対する森林制度も二転三転した。私有林に対する行政による管理が法律で定められた年として、1827年の森林法制定に着目すれば、日本（1897年）に比べ70年も早い。日本で「舶来ニアラズ」の論説が発表された1883年は、フランスにおいては森林水源涵養機能の限界を示すデータが蓄積されていた時代にあたり、行政では農民たちによる森林利用を完全に排除する政策が進められていた時代にあたる。

4．ドイツ

　近代林学の先進国であるドイツでは、18世紀末にはプロイセンやバイエルンなどに、19世紀初頭にはフライブルグ、テュービンゲン、ギーセン、ベルリンなどに林学教育機関が設置されたが（水野、2006）、森

林管理の目的は木質材料の確保であった。ドイツは1806年の神聖ローマ帝国解体後、統治領域が細分化し、森の管理や経営の姿は百花繚乱となった（ハーゼル、山縣訳、1996）。19世紀初頭には私有林に対する国家による森林管理の廃止が進められる。プロイセン国では、1811年の勅令で、すべての土地所有者は、土地財産を自由に、第三者の権利が傷つけられないかぎり、好きなように使う権限をもつことが保障され、ヘッ

表－4　ドイツにおける近代の森林水源涵養機能に関する年表

18世紀末　プロイセンやバイエルンなどに林学教育機関設置。

19世紀初頭　フライブルグ、テュービンゲン、ギーセン、ベルリンなどに設置。

神聖ローマ帝国解体後、統治領域が細分化し、森の管理や経営の姿は百花繚乱。

【プロイセン国】
1811年勅令　すべての土地所有者は、土地財産を自由に、第三者の権利が傷つけられないかぎり、好きなように使う権限をもつ。
1875年「保全林に関する法律」成立。

【ヘッセン国】
1819年　私有林の国家による管理を廃止し、条件づきの森の開墾の禁止だけを維持。

【バーデン国】
1821年　私有林の国家による管理の廃止。
1854年　森の荒廃禁止、伐採後の森再造成の命令、森の開発転用と皆伐などの規制。

【バイエルン国】
1852年　全土を包括する森に関する法律。
1866年　バイエルン当局森林測候所を設置。

【ヴェルテンベルク国】
1879年　森に関する規制的行政のための法律。

※ハーゼル（1996）を参照した。

セン国では、1819 年に、私有林の国家による管理を廃止し条件つきの森の開墾の禁止だけが維持され、バーデン国では、1821 年に私有林の国家による管理が廃止された（ハーゼル、1996）。このような森林管理の廃止は、森林を木質材料生産の場として認識する立場からの個人財産の保障という認識に基づくものであり、下流の他人の財産にも影響の及ぶ森林の環境保全機能はほとんど期待されていなかったことを示している。

19 世紀後半には伐採後の再造林の必要性が叫ばれ、プロイセン国では 1875 年に「保全林に関する法律」が成立し、バーデン国では 1854 年に森の荒廃禁止、伐採後の森再造成の命令、森の開発転用と皆伐などの規制が実施され、バイエルン国では 1852 年に全土を包括する森に関する法律が制定され、ヴェルテンベルク国では 1879 年に森に関する規制的行政のための法律が制定された（ハーゼル、1996）。このような動きは、森林には木質材料生産以外の環境保全機能があることが認識されてきたためであり、1866 年にはバイエルン当局森林測候所が設置されている（野口、1989；植村、1917）。

しかし、近代ドイツ林学の創始者の一人といわれ、著書も教科書として広く使われたコッタ（H. Cotta）（1763～1844）は、「森林には防風・防暑・防砂・防たい雪という防護的作用があり、および気候緩和の効果がある。」と述べているものの（野口、1984）、いわゆる水源涵養機能は挙げてはいない。ドイツ林学を日本に普及させた本多静六は東京都の水源林内の無立木地に造林しているが、遠山（2006）によれば、それは水源涵養の立場からではなく、災害防止と木材収穫に主目的をおいたものであったという。

以上のように、19 世紀のドイツは統治領域が細分化し森林管理の制度も様々であったが、概ね 19 世紀初頭は私有林への国家の管理が撤廃され 19 世紀後半は私有林に対する行政による管理が再び法制化されて

いった。それは日本（1897年）に比べ20〜50年早い。しかし、ドイツの森林行政において水源涵養機能という認識がアピールされることはなかった。日本で「舶来ニアラズ」の論説が発表された1883年（明治16年）は、ドイツにおいては森林を木質材料生産の場として認識することが優先されていた。

5．英領インド

　英領インドの森林管理や森林研究については、水野（2006）の詳細な研究があるので、本節は同書に基づき記述する。同書は英領インドにおける森林水源涵養機能の動きがイギリス本国より先進的であり、乾燥化理論（desiccation theory、土地の乾燥化や土砂災害の激化が森林荒廃によってもたらされているという説）に直面して行政的対応や研究が進められ、フランスやドイツの影響を受けつつ英国領および他国領を含む植民地ネットワークの中心的な存在としてイギリス帝国の中でも牽引的な役割を果たしたことを指摘している。

　1847年、東インド会社取締役会は「森林が気候や土地の生産性に与える影響と、大規模な木材伐採の結果」についての調査を全インドに要請した。この前後、伐採による乾燥化に関する指摘がいくつかなされている。例えば、1840年にはバルフォア（E. G. Balfour）が「森林伐採による土壌浸食、河川の流量（おそらくは降雨量も）減少、乾燥化の進行、地味の低下」を指摘し、1849年にはC.I.スミスが「プランテーションの拡大にともなう森林破壊によって水源が涸れた3例」を報告している。1863年には森林保護官N.A.ダルゼルが観測に基づき「森林の消失に伴い、泉や小川が消え、乾燥した大地に水を供給しなくなった、次に、森林破壊によって、気温が目立って高くなった。最後に雨によって、肥沃な表土が押し流され、樹木がはぎ取られた山肌から流出する土砂によって、不毛の土地となってしまい、さらに、こうした山の斜面からの流れ

は、川底を見せるほど干上がるか、あるいは突然の一時的な洪水で氾濫するようになってしまった」と指摘している。

1872〜73年の森林局行政報告書では木材生産以外の「間接的な森林の有用性」が指摘され、1875年に開催された第2回インド森林会議では、森林が水源保持や河川管理、降雨量増加に重要との報告がされるとともに、森林の機能に関する直接的な因果関係の欠落が指摘され、どのように、どの程度の機能があるのかについて今後の調査が必要という認識が示された。しかし、1877年に発表されたバーデン・パウエルの研究でも1878年のバルフォアの研究でも森林伐採による増雨効果などを裏付ける観測データは得られていなかった（表−6）。後日（1916年）、インド観測所長官G.T.ウォーカーが、「北西インドの降雨量が永続的に減少したと示す証拠は何もない。」と総括している。図−2に英領インド

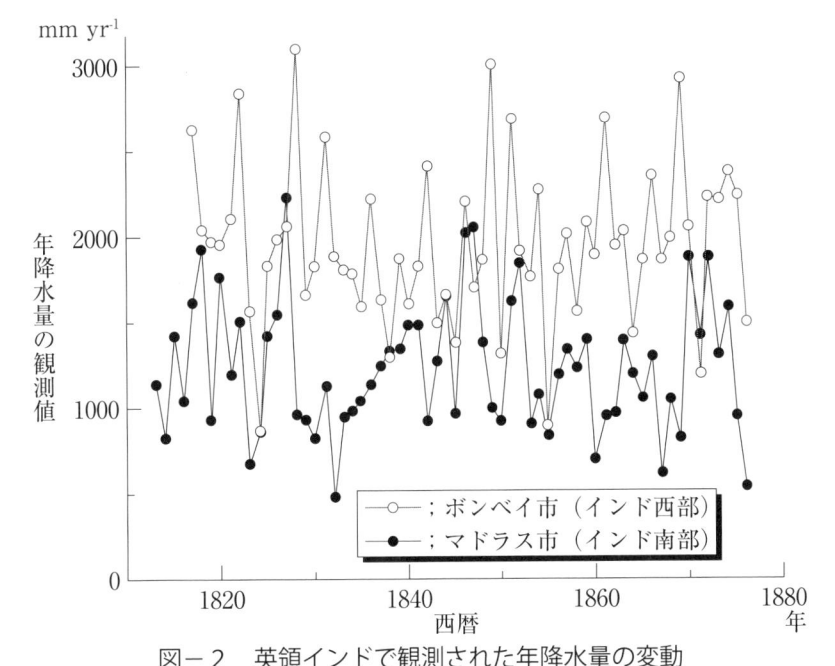

図−2　英領インドで観測された年降水量の変動

原データは Indian Forester 誌掲載であるが、原本を入手できなかったため、水野（2006）掲載の表の値から作図した。

で観測された年降水量の時系列を示すが、短期変動の激しい結果となっている。1893年のJ.A.フェルカーによる「インドにおける農業改良に関する報告書」では、「森林は水分を貯える。森林があれば降雨による水分はより多くの日数をかけて分配される。植林の意義は降雨量の増加

表－5　英領インドにおける近代の森林水源涵養機能に関する年表

1847年	東インド会社取締役会「森林が気候や土地の生産性に与える影響と、大規模な木材伐採の結果」についての調査を全インドに要請。
1864年	インド帝国全土を統括するインド森林局が設立され、土木事業局長が管轄。
1865年	インド最初の森林法制定。
1871年	インド森林局は、収税・農務局の管轄に。
1872-73年の森林局の行政報告書「間接的な森林の有用性」。	
	われわれが、森林を単に多くの木の集合として捉えてこなかった…
1875年	インド第2回森林会議で、森林が水源保持や河川管理、降雨量増加に重要と報告、しかし、どのように、どの程度かについて今後の調査が必要と結論。直接的な因果関係の欠落が指摘される。
1878年	森林利用や森林への立ち入りに関するシステムとしての森林法制定。
1878年	デーラ・ドゥーンに林学校設置（インド人対象）。
1879年	インド森林局は、内務局の管轄に。
1885年	インド工学技術カレッジに林学講座設置（イギリス人対象）。
1886年	インド森林局は、再び収税・農務局の管轄に。
1886年	洪水災害は土木事業局だけでなく森林局も関与すべきという報道。森林破壊は洪水の原因となるという認識広まる。森林局が直接管理する権限のない藩王国や私有地についても規制の対象とすべきという主張高まる。
1893年	J.A.フェルカー「インドにおける農業改良に関する報告書」。森林は水分を貯える。森林があれば降雨による水分はより多くの日数をかけて分配される。植林の意義は降雨量の増加ではなく、雨の効果を享受できる日が増えるかどうかにある。森林の土壌保全機能にも言及。
1894年	「森林政策」採択。保安林（Protective Forest）と国有林（National Forest）を区別。前者は「気候的、物理的見地から重要な森林」、後者は木材の持続的産出のための森林。
1905年	インド工学技術カレッジ閉校。
1906年	デーラ・ドゥーンに研究部門が並置され帝国森林研究所・カレッジとなる。
1916年	インド観測所長官G.T.ウォーカー：北西インドの降雨量が永続的に減少したと示す証拠は何もない。

※水野（2006）、小原（1995）を参照した。

表−6　英領インドにおける森林水源涵養機能に関する観測データによる裏づけの動き

1883 年　H.Warth：Results of Forest Meteorology as hitherto published by Ebermayer in Germany and Fautrar in France.Indian Forester, 9:1883, 296.
　　　　# Ebermayer (1873) Bavaria では
　　　　　　4-7feet の高さでは林内は林外より 1-8 度（華氏）低温、
　　　　　　40feet の樹冠内では林外の 4-7 feet の高さより 0-7 度（華氏）低温。
　　　　# Fautrat 追加測定し、日最高最低気温を比較。
　　　　　　Ebermayer (1873) の 1-8 度（華氏）は 0-4 に修正される。
　　　　# 中央ヨーロッパの観測では、
　　　　　　4-6 feet の高さでは林内は林外より 1 度（華氏）低温、
　　　　　　46feet の樹冠直上では林外の 4-6 feet の高さより 0-2 度（華氏）高温。
　　　　# 林内は林外に比べ日最高気温は低く、日最低気温は高い。
　　　　　　その差はフランスでは 1 度（華氏）、ドイツでは 3 度（華氏）であった。
　　　　# Ebermayer の測定では
　　　　　　林内外の水蒸気圧の差は小さくほぼ等しいといえる。
　　　　　　相対湿度では林内気温が低い影響もあり、林内では 85％、林外では 78％であった。
　　　　# Fautrat は、
　　　　　　落葉樹林における樹冠の高さ（4.5-9feet）では 73-70％であった。
1883 年　匿名：Notes on "Indirect influences of forests on rainfall in Madras" by Brandis.Indian Forester, 9:1883, 540-544.
1885 年　H.F.Blanford: Influence of forestson Rainfall, Indian Meteorological Memories, Vol.III, Part II pp135-145.
　　　　　ダーヤが禁止地域では 6.81inch 降雨増加、非禁止地域では 2.94inch 減少。
1893 年　B. E. Fernow
　　　　　森林は上空の大気中の水蒸気を増加させ、森林周辺の降雨を増やすと主張。
1892 年　L. Parquet
　　　　　アルジェリアで行った研究では、森林の有無と降雨量の増減は整合しない。森林の機能とは降雨量を増加させることではなく、雨を貯蔵することにあり、それによって水源を保ち、河川の流量を安定化させると主張。
　　　　　（H. ガネット 米国アイオワ州、ミネソタ州、イリノイ州、オハイオ州、マサチューセッツ州などで森林破壊、あるいは植林の前後で降雨量を比較した研究では、森林破壊後に降雨量が減少しておらず、逆に植林の後に降雨量が増加）
1916 年　インド観測所長官 G. T. ウォーカー：
　　　　　北西インドの降雨量が永続的に減少したと示す証拠は何もない。

※水野（2006）を参照した。

ではなく、雨の効果を享受できる日が増えるかどうかにある。森林には土壌保全機能もある」と水源涵養機能の特に増雨効果以外の機能が主張された。

政府の対応としては、1864年にはインド帝国全土を統括するインド森林局が設立され、翌1865年には森林法が制定されるなど行政的な体制の整備が進められた。1878年、森林利用や森林への立ち入りに関するシステムとして森林法が改定された。森林破壊は洪水の原因になるという認識が広まっていき、1886年の洪水災害では、その対策には従来管轄していた土木事業局だけでなく森林局も関与すべきという報道がなされた。さらに従来森林局が直接管理する権限のない藩王国や私有地についても規制の対象とすべきという主張が高まったという。1894年には保安林（Protective Forest）と国有林（National Forest）を区別する「森林政策」が採択され、前者は「気候的、物理的見地から重要な森林」、後者は木材の持続的産出のための森林とされた。

教育・研究機関については、1878年デーラ・ドゥーンの町にインド人の幹部養成のための林学校が設置された。イギリス人を対象とした教育機関として、1885年にインド工学技術カレッジに林学講座が設置され、1905に閉校、翌1906年にデーラ・ドゥーンに研究部門が並置され帝国森林研究所・カレッジとなっている。

以上のように、英領インドにおいては森林の水源涵養機能の認識は観測データの裏づけを待たずに広まりをみせた。私有林に対する行政による管理が法律で定められた年として、1894年の「森林政策」採択に着目すれば、日本の森林法制定（1897年）とほぼ同時代である。日本で「舶来ニアラズ」の論説が発表された1883年（明治16年）は、英領インドにおいては、森林破壊は洪水の原因となるという認識が一般にも定着しつつあるものの行政的なシステムには未だ反映されていない時代であった。

第Ⅲ章

日本の先進性と後進性

1.「舶来ニアラズ」発表の背景

　江戸初期の儒学者・熊沢蕃山が「木があるときは神気（水蒸気）さかんなり。木草しげき山は土砂を川中におとさず、大雨ふれども木草に水を含みて、10日も20日も自然に川に出る故に、洪水の憂いなし。」と説くなど、日本においては森林の水源涵養機能に対する認識は広く浸透しており、日本各地に水源林が設定され保護されてきた。遠藤（2002）は、例えば秋田藩には田山、水之目山、水林、水林山、養水林、水持山など様々に称される水源林が存在したことを示している。日本における森林法の制定は1897年（明治30年）であるが、それ以前から森林の水源涵養機能を前提とした政策は実施されており、例えば1871年（明治4年）の民部省第二十二号布達では官林規則を定めて濫伐を戒めるよう森林水源涵養を前提とした指示をし、1882年（明治15年）の太政官布達第三号では、私有林に対する水源涵養機能のための制限を定めている。このような動きは前章でみた諸外国、特にイギリスやアメリカに比べれば遥かに先進的であり、フランスには遅れるもののドイツや英領インドと同時代的に進行している。日本には多神教的な背景もあり、一般市民への水源涵養機能の認識の定着という点では世界的にみても先駆的な存在であったといえるであろう。後述するように、1884年の万国森林博覧会を報じたネイチャー誌の記事（1884年8月7日号）では、日本の林業

表-7　日本における近代の森林水源涵養機能に関する年表

1871（明治4）年　民部省第二十二号布達：官林規則を定め、濫伐を戒め…水源涵養の方法等を指示。
1873（明治6）年　太政官達第二百五十七号：原則として官林の払い下げを停止。
1873（明治6）年　太政官達第五百三十四号：各府県に対し、官林のうち水源を涵養し土砂を扞止又は有名の林木ある箇所と漸次払下くるも支障なき箇所との取調を命じたり。
1873-74（明治6-7）年　燠国博覧会三級事務官緒方道平、燠国マリアブルン山林大学校教官マルメットらから植樹法、伐採法、森林法、木材学などを伝習される。
1876（明治9）年　内務省決議を以て官林調査仮条例を発布：官林の内水源涵養、土砂扞止等の如く国土保安上必要あるものは禁伐林の名を付して一切伐木を禁止。
1877（明治10）年　第一回内国勧業博覧会開催、ワグネルによる博覧会報告書提出。
1882（明治15）年　大日本山林会設立。
1882（明治15）年　民有森林ノ中水源ヲ養ヒ土砂ヲ止メ又ハ風潮ヲ防御シ頽雪ヲ支柱スルノ類国土保安ニ関係アル箇所ニシテ漫ニ其樹木ヲ伐採セハ他ニ障害ヲ来スコト不少ニ付是等ノ森林ハ自今実地ノ景状ニ㩀リ伐木停止セシムルコトアルヘシ
1882（明治15）年　農商務省第三号：国土保安に関係ある箇所に於いて伐木せむとするものあるときはその都度実の状況を調査し処分方伺出つへき旨を達せられ爾来民有林中にも亦伐木停止林を見るに至れり。（山梨県林政誌、1922）
1883（明治16）年　「樹木ヲ伐ツテ水源ヲ涸ラスノ説ハ舶来ニアラズ」大日本山林会報告に掲載。
1883（明治16）年　広島山林学研究会報告第1号。
1884（明治17）年　各府県主務課員勧業会開催（白河、1902）。
1884（明治17）年　英国エジンバラ万国森林博覧会に出品。
1885-88（明治18-21）年　高島得三（北海）フランスナンシー留学。
1888（明治21）年　欧洲森林報告（農商務省山林局、1888）。
1888（明治21）年　高橋啄也著　森林杞憂。
1889（明治22）年　W. Schlich 著 Schlich's Manual of Forestry.
1890（明治23）年　第三回内国勧業博覧会に「水源涵養土砂扞止方案」が出品され褒章を受ける。
1894-95（明治27-28）年　日清戦争。
1890（明治23）年　西　師意「治水論」。
1891（明治24）年　尾高淳忠「治水新策」。
1897（明治30）年　森林法制定。
1899（明治32）年　本多静六により東京都水道水源林が確保。
1900（明治33）年　東京帝国大学に「森林理水及び砂防工学」の講座が創設され、初代教授にオーストリアからアメリゴ・ホフマンを招いてその講座を担当させた。その時の助教授が諸戸北郎であった。
1904-05（明治37-38）年　日露戦争。
1903（明治36）年　川瀬「林政要論（全）」森林の間接利用に意義。
1911（明治44）年　森林測候所設置。
1914（大正3）年発行「林業試験場報告12号」（森林の水源涵養機能に関する研究報告）。
1917（大正6）年　植村恒三郎　森林と治水…欧州における森林と治水の関係。
1919（大正8）年　山本徳三郎　森林の水源涵養論。
1928（昭和3）年　平田徳太郎　森林と水（Raphael Zon、1927）を翻訳出版。
1925-42（大正14-昭和17）年　平田徳太郎と山本徳三郎の水源涵養機能論争。

および森林科学（the science of forestry）が、英国を含めた多くの国々よりも先進的であることが報じられている。

　しかし、明治維新により、旧来の行政システムや経済システムは破壊・否定され、伝統的な治水思想も否定的にみられることとなった。外国への視察やお雇い外国人・留学帰国者らにより舶来の思想や技術が流入した。西　師意（1890）や尾高淳忠（1891）などの民間治水論者による警鐘にもかかわらず、明治官僚たちは伝統を軽視することによって近代化を推進しようとした。当時の風潮としては西欧以外の技術思想は受容しがたい客観情勢にあったことを、高橋（1971）は指摘している。このような伝統軽視の中で、森林水源涵養機能論はどのようにして生き残り得たのか？　あるいは生き残れず代替の舶来品に置き換わったのか？

　1873年（明治6年）に開催されたオーストリア万国博覧会の報告書「澳国博覧会参同紀要」は、田中芳男と平山成信が万博から20余年も経ってから当時を追懐して（塚谷、1964）まとめたものである。その中に「山林管制ノ趣旨報告書」がある。これを万博開催時の1873年当時の認識とするか、報告書執筆時の1897年当時の認識とみるべきかは判断が難しいが、その内容は、ヨーロッパ諸国の森林管理が理論・実業とも行き届いていることを伝えている。

　「舶来ニアラズ」の発表と同年の1883年（明治16年）の広島山林学研究会報告では海外における森林水文の観測事例が紹介されているが、森林水源涵養機能論を舶来と主張しているわけではない。森林関係の全国版の情報誌として既に明治15年1月に創刊されていた大日本山林会報告の掲載論文の1～15号の目次を表−8に示すが、水源涵養機能に関する情報発信はほとんどない。例えば、明治15年10月の第十号に掲載された「山林の遺利」（田中、1882）と題する記事では、山林の副用物の重要性に着目しているが、樹木の材幹以外の皮実葉などを副用物として挙げており、水源涵養や山地保全などには言及されていない。同報

表－8　大日本山林会報告の掲載論文タイトル（1）

第一号（明治15年1月）
　本会記事
　　開会式
　　選挙会
　会員通信
　　樹木ノ開墾ニ必要ナル所以ヲ術フ
　　沖縄諸島ヘ熱帯植物ヲ培養スルノ説
　　静岡県製茶ト山林ノ権衡ヲ論ズ
　　山林経済十個條ノ教戒
　　青森県田名部檜山衰顛ノ原由
　　松林ヲ仕立ル便法
　　関根矢作植樹記事
　質疑応答
　　萌芽杉ノ疑問
　　同答
　　通信條目ニ就テノ諸問
　山林局録事
　　山林局樹木試験場報告第一号

第二号（明治15年2月）
　本会記事
　　小集会仮規則
　　第一回小集会要録
　　質疑応答委員
　会員通信
　　棟ノ説
　　山林ヲ抑制スルハ抑制ニ非ルノ説
　質疑応答
　　通信條目ノ諸問ニ答
　　杉栽培法ノ問
　公聞
　　民有森林中国土保安ニ関スル箇所伐木停止ノ件
　　　太政官農商務省第三号布達
　　官有ノ森林山野ニ関スル諸申牒添表ノ件
　　　農商務省第一号達
　　民有森林中国土保安ニ関スル箇所伐木ノ際伺出ノ件
　　　農商務省第三号布達
　　山林共進会出品褒章授与目的ノ件
　　　農商務省第四号達
　山林局録事
　　山林局樹木試験場報告第一号　前号ノ続

第三号（明治15年3月）
　本会記事

　　談話会
　　議事規則
　　第二回小集会要録
　会員通信
　　林業／国家ノ経済ニ関スル性質論ノ訳術
　　杉其外三種ノ播種栽培法
　質疑応答
　　捲條セル樹木ノ問
　　公孫樹葉ニ就テノ問
　　樹木ノ病ヲ醫スル法ノ問
　　槲（かしわ）樹虫報並ニ駆除法ノ問
　　同答
　公聞
　　旧開拓使事務ノ内農商務省ニ於テ取扱フヘキ件
　　　太政官達
　山林局録事
　　山林局樹木試験場報告第一号　前号ノ続
　　九州植物体（ママ）調査報告

第四号（明治15年4月）
　本会記事
　　第三回小集会要録
　　質疑応答委員
　会員通信
　　林樹生活ノ理
　　宮城県遠田郡山林繁殖ノ由来
　　林業／国家／経済ニ関する性質論ノ訳術　前号ノ続
　　栗ノ説
　質疑応答
　　海岸松栽培方法ノ問
　　同答
　　「ノブ」ノ樹ノ問
　　同答
　　材質ノ疑問
　山林局録事
　　九州植物帯調査報告別報　前号ノ続

第五号（明治15年5月）
　本会記事
　　第四回小集会要録
　会員通信
　　金松捲條ノ説
　　林樹生活ノ理　前号ノ続
　　並木継植所見
　　棟樹ノ植物塩基（アルカロイド）ヲ有スル説

※「木材商事」、「雑録」、「広告」の各項は省略

表−8　大日本山林会報告の掲載論文タイトル（2）

質疑応答
　公孫樹葉ノ答
　杉檜実苗ト挿苗トニ於ケル成長遅速ノ問
　同答
山林局録事
　山林局樹木試験場報告第一号　三号ノ続
　九州植物帯調査報告別報　前号ノ続

第六号（明治15年6月）
本会記事
　第五回小集会要録
会員通信
　魚附場ノ鄙見
　盗伐ノ弊害
　野火消防逆ヒ火ノ実験
　筑波近傍樹木散布論
　清酒醸造竈（かまど）改良スベキノ説
質疑応答
　材質疑問ノ答
　海岸松ノ疑問
　同答
　亜潅木ニ就テノ質疑
　同答
　桐樹栽培ニ就テノ問
　同答
　潮水樹木ノ関係及竹ノ問
　同答
　行道樹ノ答
山林局録事
　九州植物帯調査報告別報　前号ノ続

第七号（明治年月）
本会記事
　第六回小集会要録
会員通信
　樹類統計
　松ノ変種
　埼玉県下山林雹災ノ報
　漆樹栽培法
　屼山ニ植樹スルニハ松ヲ最上トスルノ説
　萌芽杉ノ報
質疑応答
　松樹ニ就テノ問　　同答
　桐苗培養法ノ問　　同答
　杉樹栽培ニ就テノ問　　同答

害獣駆除法ノ問　　同答
樹種ノ問　　同答
日本産喬木ノ概数
山林局録事
　九州植物帯調査報告別報　前号ノ続

第八号（明治15年8月）
本会記事
　臨時小集会要録
会員通信
　幾那樹培養説
　野杉防ぎの約束
　植杉収益ノ概報
　大和国宇陀郡山林景況及樹木伐採法図解
　タカツキ樹　紅樹科ノ図解
質疑応答
　針濶葉区分の質疑　　同答
　栗樹材質ニ就テノ問　　同答
　木種ニ因リ土地ヲ乾燥スルノ木ヲ質ス　同答
　樹皮ノ答
　日本喬木ノ概数
山林局録事
　南海道植物帯調査報告

第九号（明治15年9月）
本会記事
　恩賜
　第七回小集会要録
会員通信
　下枝剪採ヲ非トスルノ説
　杉檜栽培法報告
　大和国吉野郡四郡木材輸出ノ計算
　「ガンコウラン」ノ説
　椶櫚子ノ図解
質疑応答
　電信備林栽植ノ質疑　　同答
　木材運送船ノ答
山林局録事
　南海道植物帯調査報告　前号ノ続

第十号（明治15年10月）
本会記事
　第八回小集会要録
会員通信
　植物帯ノ解

※「木材商事」、「雑録」、「広告」の各項は省略

表－8　大日本山林会報告の掲載論文タイトル（3）

  魚附場ノ贅讃
  胡桃樹ノ説
  松ノ種実ヲ山地ヘ直植スルノ説
  桐苗培養法
  山林ノ遺利
 質疑応答
  岘山ヘ播種スベキ草ノ問　　同答
  コルク樹ニ就テノ問　　同答
  木材運送船ノ答
 山林局録事
  山林学校規則

第十一号（明治 15 年 11 月）
 本会記事
  第九回小集会要録
 会員通信
  幾那培養説補遺
  羅漢松苗木仕立法
  喬木桑ノ説
  木材需要論抄訳
 質疑応答
  楠培養ノ問　　同答
  棟樹栽培法質問　　同答
  「キユビライヤ」樹皮ノ答
 山林局録事
  山林学校規則　前号ノ続

第十二号（明治 15 年 12 月）
 本会記事
  臨時議会要録
  更正規則及支会設立規則
  第十回小集会要録
  第十一回小集会要録
 会員通信
  和州吉野郡造林方論
  岘山ニ植付ルハ楊梅ニ勝ルナキノ説
  松樹害虫駆除予防法ノ見込及附記
 質疑応答
  「カシ」及「ムク」字義ノ問　　同答
  舶来樹ニ就テノ問　　同答
 山林局録事
  南海道植物帯調査報告　前号ノ続

第十三号（明治 16 年 1 月）
 本会記事

  撰学会要録
  第十二回小集会要録
 会員通信
  造林ノ目的
  山林防火線意見
  北海道森林内毛虫発生ノ概況
  和州吉野郡造林方論　前号ノ続
 質疑応答
  桜樹ニ就テノ問　　同答
  山林ノ功用ヲ問　　同答
  日本喬木ノ概数　第八号ノ続
 山林局録事
  南海道植物帯調査報告　前号ノ続

第十四号（明治 16 年 2 月）
 本会記事
  第十三回小集会要録
  質疑応答委員新任
 会員通信
  越前国森林ノ衰頽禦セルヲ見テ感アリ
  檜ノ説
  種子ヲ啄食スル小鳥ノ防□法ヲ問
  木材主要論
  喬木桑ノ説
  造林ノ目的
  納屋内木材貯蔵法
  樹木伐採ノ時季ヲ論ズ
 質疑応答
  ツガトガノ疑問　　同答
  松毛虫駆除法ノ問　　同答
  山毛欅樹種及功用ノ問　　同答
  柞蚕製糸法ノ問　　同答

第十五号（明治 16 年 3 月）
 本会記事
  第一回大集会要録
  第十四回小集会要録
 会員通信
  造林目的前号ノ続
  伐木法ヲ論ズ
  樹木ヲ伐ッテ水源ヲ涸ラスノ説ハ舶来ニアラズ
  山毛欅ノ説
 質疑応答
  株及肥草生地積ノ問　　同答
  明石屋樹ニ就テノ問　　同答

※「木材商事」、「雑録」、「広告」の各項は省略

告の同号に掲載されている「屼山ニ播種スベシ草ノ問」と「同答」の質疑応答では、はげ山（屼山）の緑化に用いる草本について情報が交換されているが、水源涵養や山地保全などには言及されていない。明治16年1月の第十三号に掲載された「山林ノ功用ヲ問」（橡尾、1883）と「同答」（北原、1883）の質疑応答では、山林の暴伐により洪水・渇水・土砂流出の被害を被っている地での水源涵養林の仕立て方の質問に対し、通常の植樹法と異ならないと回答されるに留まり、外国での事例やデータなどには触れられていない。そして突然、1883年（明治16年）3月発行の大日本山林会報告第十五号に「樹木ヲ伐ッテ水源ヲ涸ラスノ説ハ舶来ニアラズ」の論説が掲載された。これ以前には「樹木ヲ伐ッテ水源ヲ涸ラスノ説」が舶来であると主張するような記事は同報告には掲載されておらず、同報告に掲載された特定の記事に対する反論として著わされたわけではないようである。またこの後においても「舶来ニアラズ」の論説に呼応したような記事は同報告にはみられない。

2．「舶来ニアラズ」の主張と論調

　ここで、「舶来ニアラズ」の論説の内容を分析しその主張と論調を確認しておきたい。それほど長い記事ではないので、まず全文を引用する。なお、丸カッコ内は筆者による補足である。旧漢字は新漢字で表記した。

（表題）樹木ヲ伐ツテ水源ヲ涸ラスノ説ハ舶来ニアラズ
（著者）会員某
樹木伐採シテ河流ヲ変化スルノ憂ヘハ古代ヨリアルコトニシテ今ヲ距ルコト千百十余年ノ其昔シ紀元千四百十二年則チ弘ノ太政官府ニ曰一応禁制斫損水辺山林産業之務非只堰池浸潤之本水木相生則水辺山林必須鬱茂大河之源其山鬱然小川之流其岳童焉爰知流之細大随…トアリ因テ愚考スルニ則チ明治ノ今日ニ在テハ取リモ直サズ土砂抂止水源涵養林ノ禁伐令

ニシテ余輩寡聞不学ノ徒ハ全ク舶来ノ説ヨリシテ今人ノ爰ニ気付キタル事ナリシカト独リ合点シテアリシニ豈ニ計ランヤ遠クノ昔若カモ千年前ノ人已ニ既ニ樹林ノ水源涵養タルコトヲ識リ如斯制令出ル誠ニ恐縮千萬ノ事ニシテ申サハ山林ノ事情ハ一切世ノ開明ニ進ムニモ拘ハラス跡スサリ即チ退歩シタル事ニシテ思ヘハ思ヘハ御同前ニ迂闊千萬ナリシ次第ナリト申テ会員諸君中ニハ博学卓識ノ先生モ多ク決シテ十把一カラケニ致ス次第ニハ候ハヘトモドウカ今ヨリ一層山林ヲ所有スル方々ハ此ニ留意シテ河辺ニ瀬スル山岳ノ樹木ヲ猥リニ伐採スレハ土砂ヲ押流シテ河流ニ堆積シ殊ニ河口ヲ以テ湊トナス所ハ船舶ノ出入ヲ妨ゲ大変ナ差支ノ起ルコト否ナ已ニ差支ノアルコトヲ察セラレンコトヲ今更改メテ申モチト遅マキナカラ一言仕ル

（要旨：樹木の伐採が河川の流れを変化させるという心配は、今から1110余年の昔の紀元1412年（西暦では752年）の弘の太政官府でも指摘されている。これは今でいう土砂扞止水源涵養林の禁伐令である。こういう考え方は外国より伝わった舶来の説だと私は一人合点していたが、わが国では千年も昔に既に樹林が水源涵養機能をもつと認識されこういう制令がだされていた。今は文明開化の世であるが山林のことについては退化しているのかもしれない。本誌の読者である会員の中には博学卓識の先生も多くおられるので十把一絡げにはできないが、山林所有者の方々には山岳の樹木を伐採すれば土砂が流出し河川に堆積して河口の港の船舶の航行の支障となることに、これから一層留意して欲しい。）

　原文は以上である。なお、引用されている古典は、弘仁十二年の太政官府の一節であるが、これは11世紀にまとめられた法令集の「類衆三代格」に掲載されている。また、明治政府により出版された文献百科事典である「古事類宛」にも掲載されている。後者の編纂作業は明治12

年に開始されその出版は明治29年（1896）から大正3年（1914）であり、「舶来ニアラズ」の発行年（1883年、明治16年）より遅い。

さて「舶来ニアラズ」の論理の組み立ては以下の構成となっている。

①土砂扞止水源涵養林の禁伐令に相当するのものが、わが国には1110余年の昔に既にあった。
②こういう考え方は外国より伝わった舶来の説だと私は一人合点していた。
③文明開化の世であるが山林のことについては退化しているのかもしれない。
④会員の中には博学卓識の先生も多くおられるので十把一絡げにはできない。
⑤山林所有者の方々には伐採すれば土砂が流出し船舶の航行の支障となることに留意して欲しい。

この5つの構成のうち著者が主張したかったことはどれであろうか。まず①で古典を具体的に引用しているのは、その古典が広くは知られていなかったためであろう。すなわち1110余年前に土砂扞止水源涵養林の禁伐令があったという情報にはニュースバリューがあったと思われる。②は寡聞不学の徒である「私」の認識ではあるが、③の指摘で②の指摘が「私」だけのものではなく「世」の認識であることを示唆している。④は単なる謙遜かもしれないが、先に⑤を検討すると、当時既に淀川などの浚渫の必要性が指摘されており、⑤に新鮮さはない。また土砂流出や船舶の航行の支障という観点は、表題の「樹木ヲ伐ツテ水源ヲ涸ラスノ説ハ舶来ニアラズ」とは一致せず、①〜④の主張の結論ともなっておらず、取って付けたような不自然さは否めない。おそらく⑤は④とともに、「舶来ニアラズ」の記事が特定の対象を非難したり攻撃したり

していると受け取られることを恐れ、矛先を山林所有者に向けた土砂流出への注意にカモフラージュする役割を担っていたと考えられる。すなわち「舶来ニアラズ」の記事の主張は表題の通り「樹木を伐れば水源が涸れるという説は舶来ではなく」わが国には千年も昔からあったということであり、その論調からは面と向かって意見しづらい相手の主張に対する反論といったニュアンスがうかがわれる。

3.「御国の栄誉を海外に揚げること」

　当時の風潮としては西欧以外の技術思想は受容しがたい情勢にあった（髙橋、1971）。技術思想に限らず多くの伝統的な芸術作品が捨てられあるいは海外に流出していった。茶道などの伝統文化も不遇の時代であった。しかし、こういう明治前期の時代においても日本の伝統的な技術や芸術・文化が重要視された場があった。それは万国博覧会という場であった。

　19世紀後期、パリ博やロンドン博などの万国博覧会は、国威や技術の高揚の場として大きな影響力をもった。ラジオもテレビもない時代、産学官および一般市民も含めた情報交換の手段として万国博覧会の意義は現代とは比較にならないほど大きかった。伊藤（2008）らが指摘するように万博の娯楽性が重視されたのは1900年のパリ万国博覧会以降であり、それ以前の万博は娯楽よりも科学・技術・美術などの展示内容そのものの質が重視された。優秀な展示に対しては褒章が授けられ、参加各国は優劣を競った。新興国日本もその重要性を認識し、多額の予算と要人を当てて参加した。日本の万国博覧会への最初の参加は明治維新前の1867年のパリ万国博覧会であり、江戸幕府は諸藩にも呼びかけ展示物を収集し、徳川慶喜の弟の昭武を団長として参加した。渋沢栄一も一行の一人であった（渋沢、1995）。

　明治政府が1873年開催のウィーン万国博覧会に参加する際、太政官

第Ⅲ章　日本の先進性と後進性

正院に上申された博覧会参加目的には以下の事項が掲げられている。ここでは伊藤（2008）に記載された第一目的〜第五目的の要点のみを示す。

第一目的：御国の誉栄を海外に揚ること。
第二目的：各国の風土物産と学芸の精妙とを看取し、機械妙用の工術をも伝習すること。
第三目的：博物館を創建し、又博覧会を催す基礎を整えること。
第四目的：各国の称誉を得、輸出の数を増加すること。
第五目的：各国製造算出の有名品及びその原価等を深捜査明し、貿易の裨益（ひえき）とすること。

これらの目的を実現するため、展示内容については、国内を広く吟味し諸外国に誇れるものを探索した。まさか舶来品を展示するわけにはいかず、結局、伝統的な技術や芸術・文化を展示しその優秀さをアピールするしかなかったのであったが、美術品など実際に高評価を勝ち得たものも少なくなかった。ウィーン万国博覧会では、衣服・織物・竹細工・紙製品などが優良出品物として褒章を受けた（伊藤、2008）。

出品されたのは製品や標本などの"物"に限られたわけではなく、例えば1900年のパリ万国博覧会に際して明治政府が定めた出品規則の第二條には、第1項の美術作品、第2項の優等工芸品、第3項の普通商品、第4項の諸機械諸工具等と並んで、第5項には、「教育、学芸、社会経済、衛生、戦術、運搬、土木、建築、音楽、印刷等は開明の進度を示すを以て目的とし、実物を出品し能はざるものは、肝要の法令規則等を反訳し、あるいは統計記録等を編纂して出品するを要す」と定められ（伊藤、2008）、様々なノウハウや制度やシステムなども出品の対象とされていた。

1884年の万国森林博覧会を報じたネイチャー誌の記事（1884年8月

7日号）では、日本の林業および森林科学（the science of forestry）が、英国を含めた多くの国々よりもずっと先進的であることが指摘され、大日本山林会報告三十二号掲載の「英国壱丁堡府万国森林博覧会景況」によれば1884年（明治17年）開催のエジンバラ万国森林博覧会の際、英国の新聞に掲載された同博覧会の記事では日本の山林関係の法令や山林学校の設立が高く評価されていることが伝えられている。すでに第Ⅱ章で主要国の森林水源涵養機能に対する認識や森林制度整備の進捗などを比較し、明治初期の日本が先進的なレベルにあったことを指摘した。これらの森林水源涵養機能にかかわるノウハウや制度・システムは万国博覧会という場で各国に誇りうる出品物と成り得たのではないか？ それは上記の博覧会参加目的の第一に掲げた「御国の誉栄を海外に揚ること」に成り得たのではないだろうか？

4.万国博覧会における日本への評価

　森林分野においては、万国博覧会における展示はどのようなものだったのか？ そして諸外国はそれをどのように受け止め、そして国際的にはどれほどの影響力をもったのか？

　シュミット（Schmidt）（2009）は、森林科学に関する国際的な情報交換は1873年（明治6年）開催のオーストリアのウィーン万国博覧会で最高潮に達したとしている。アメリカ合衆国から林産関係の情報収集を委ねられたジョン・アストン・ウォーダー（John Aston Warder）は、ドイツから出品された丹精を込めた図表や森林関係のすばらしい収集物をみてアメリカの森林研究の遅れを実感し、翌々年アメリカ森林協会（the American Association, AFA）を設立し初代会長に就任したという（Schmidt, 2009）。

　このウィーン万国博覧会の日本代表団の一人である緒方道平は、オーストリア国マリアブルン山林大学校の教官マルメットらから植樹法、伐

採法、森林法、木材学などを教授されている（田中・平山、1897）。

　1878年（明治11年）のパリ万国博覧会におけるフランスの展示では、フランス材だけを用いて建築された民家風のパビリオン内に、地質学や昆虫学の標本や林業機器、地図、計画書、写真、はげ山の侵食防止法や植樹法が模型を用いて展示された。模型の一斜面は山の断面を示し橇を用いた伐出方法が解説された。模型の別の斜面では様々な植林地が再現されていたが、まだ植林されていない荒涼とした地域も残されはげ山を植生が繁茂する林地にするためには長い時間が必要な旨の説明が付されていた。また、模型の別の部分では、斜面の土砂が渓谷に流れ込まないように設置された大規模で高価な土留工の展示となっていた。これらの模型は、いたるところで注意深い保全と忍耐強く労力をかけた植林が必

木材標本家屋洋風室

第五回内国勧業博覧会（1903年）に出品された天城御料地の地形模型
（紙製縮尺2万分の一、地形・区劃・林相及び斫伐の順序等を説明）
出典：宮内省御料局（1903）第五回内国勧業博覧会御料局出品説明書．宮内省御料局、pp.71。

要なフランスイタリア国境付近の山岳地域の状況を巧みに表現するものであったという。以上は、アメリカからパリ万国博覧会に理事として派遣されたベーカー（F. P. Baker）の記した報告書（Miller、2005に掲載）からの抜粋である。

この1878年パリ万国博覧会のフランスの展示は、日本にも伝えられており（山梨県北巨摩郡農会、1902）、当該部分を要約する。

「フランスでは1860年に山地森林再造法律が発布されたがそれ以降実施されたフランス山林局の公益事業の成績とその実益を示すために、ピレネー、アルプス、セベンヌ等で実施された著大なる工事の成績80種を選んで撮影し各種の説明と共に陳列した。写真や説明書は翌年に出版されたという。写真は土地の全体像、山腹斜面がだんだん荒廃しはげ山に至る状況、災害が耕地や道路、村落を侵害しそうな状況、山腹及び崩壊地内に施工した工事の形式等にいたるまでを再現し実物をみるようであり、各種施工の方法及び成蹟を広報するのに効果的であった。」

次に1884年（明治17年）の英国エジンバラで開催された万国森林博覧会についてのネイチャー誌の記事から同博覧会に対する姿勢を探ってみたい。現代英国の森林政策はこの万国博覧会を契機として発展が始まったとされる（Edwards, 1963）。英国森林関係者にとってこの万国博覧会は意義の大きいものであり、英国初の森林学校の設立も決定された。開会直後の7月3日号のネイチャー誌では、開会式の様子を伝え、翌週の7月10日号では到着が遅れている日本の出品物に期待を寄せるとともに、英領インドが展示した地図や森林管理の解説図に注目している。また、デンマークの展示に針葉樹林・広葉樹林・幼齢林地の分布を示した地図や地質図があることを紹介している。そしてもし各国別に展示されているこれらの地図や図面を一緒に並べて配置できれば、様々な

第Ⅲ章　日本の先進性と後進性

エジンバラ万国森林博覧会の模様
出典：『The Illustrated London News』

樹種について国ごとの成長比較ができるだろうと、積極的な提案を示している。開会1ヶ月後の8月7日号のネイチャー誌では、開会式には間に合わず遅れて展示の始まった日本の出品物だけを詳しく紹介しており、日本の林業および森林科学（the science of forestry）が、英国を含めた多くの国々よりもずっと先進的であることを示す展示であると報じられている。幹材の標本、伐木運材の説明図と模型、森林面積の表、主要5樹種の空間分布を表す色刷りの地図、種子などの標本、箸、楊枝、煙草、樽、歯ブラシ、櫛などの林産製品の展示、欧州原産の木本樹種の日本での順化を調べた研究紹介など様々な展示をネイチャー誌の記事は、高い関心を示しながら肯定的に賛美の形容詞を交えて紹介している。記事の最後のところで、壁に展示された土砂流出防止工法の説明を簡潔に紹介している。末尾で日本の展示は非常に興味深く、西洋諸国の

砂 防 工 事 模 型 寫 眞

1910年の府県林業共進会（名古屋）に展示された
愛知県瀬戸町の砂防工事模型の写真
出典：大日本山林會第21回総会編（1910）紀念寫眞帖．大日本山林會、pp.207．

森林専門家に多くの有益な示唆を与えるものだと締めくくっている。

　フォレストエステートマネジメント（Forest and Estate Management）誌の記事によれば、1884年万国森林博覧会における日本の出品物は博覧会の中で最も有益なもの（instructive）であり、そのうち運材方法を説明した展示は英領インド政府の森林関係者にとって得るところの大きいものであり、また樹木の鉛直分布を土壌条件の変化とともに示した地図は独創性の高い展示だったと高く評価されている。

　この万国森林博覧会の日本の展示を担当したのは、エジンバラへの出張を命ぜられた山林局の武井守正局長と高島得三であった。作家の高樹のぶ子が高島得三を描いた小説「HOKKAI」では、2ヶ月弱の短い期間で千百種を超える出品物が収集され船積みされたことや木製の農具や柳行李を出品することに賛否両論があったことなどが描かれている。大

第Ⅲ章　日本の先進性と後進性

日本山林会報告の 25 号には出品物区類が、30 〜 35 号には出品解説や博覧会の様子、褒賞受賞などが掲載されている。

　高島得三は山林局に入る前、地質の専門家として生野鉱山にいたがその地でお雇い外国人コワニエからフランス語を学んでおり流暢であったとう。万国森林博覧会の翌年からはフランスのナンシー森林学校に 3 年間留学しており、その際、芸術家のエミール・ガレとも親交を結んでいる。高島得三は内国勧業博覧会や 1904 年のセント・ルイス万国博覧会などに関わっている。

5．国際的な関心の高まり

　万国博覧会における展示は、国際的な情報交換の場として機能し、大きな影響力をもった。1884 年（明治 17 年）の英国エジンバラ万国森林博覧会では論文の募集も実施され、15 の分野が用意された（Rattray, John & Mill, Hugh Robert, 1885）。その中には「山岳地域や荒廃地への植林」と「森林の土壌水分や気候に及ぼす影響」の二つの分野が含まれている。しかし展示館での出品については水源涵養機能を直接指すような出品部類は設定されておらず、多少関連がありそうな項目を拾ってみても以下の程度しかない。

Class III（Scientific forestry）
　7. Geological Specimens and Diagram illustrating the different formation adapted to the Growth of Trees.
Class V（Illustrative Forestry）

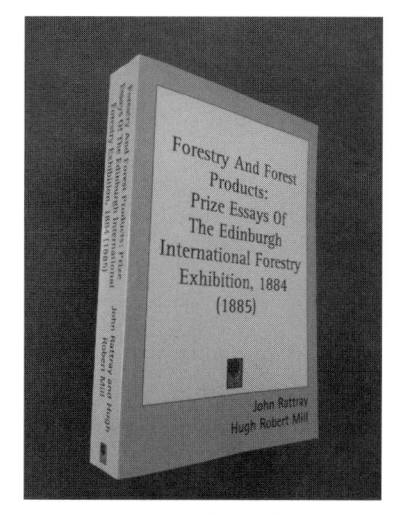

1884 年エジンバラ森林博覧会
優秀論文集（リプリント版）

Sketches of work and Operations in the Forests.
Class VI (Forest literature and history)
2. (a) Working Plans of Forests, and Plantations on Estates, Valuations, Surveys, etc.
2. (b) Maps - Charts etc, illustrative of the Geographical Distribution of Forest Trees, and their Altitude.

　しかし、森林の水源涵養機能に対する関心が低かったわけではなく、例えば、フランスでは大革命時の大規模な森林伐採について、森林水源涵養機能論を前提とする信奉派と具体的な観測データを重視し森林水源涵養機能論に反論する懐疑派が対立していた。「樹木ヲ伐ツテ水源ヲ涸ラスノ説ハ舶来ニアラズ」が発表されたのはこれより少し時代の下る1883年であったが、懐疑派のマチュー（Matthieu）により樹冠遮断の観測（1867〜1877）が実施されるなど、森林水源涵養機能論の是非に対する関心は続いていた。

　また、英領インドでは木材生産以外の「間接的な森林の有用性」として水源涵養機能が指摘され、観測データの裏づけを待たずに広まりをみせ、インド帝国全土を統括するインド森林局の設立（1864年）や森林法の制定（1865年）・強化（1878年）などの具体的な政策につながった。藩王国や私有地などへの規制拡大、土木事業局などの他部署との競争、英国本国政府および他植民地との関係などとも絡みあい、在インドの英国人森林官僚の存在意義と権限拡大の根拠と重なるものであった。一方、森林と水源涵養機能との直接的な因果関係を示す根拠の欠落が指摘され、どのように、どの程度の機能があるのかについて今後の調査が必要という認識が示されている（1875年第2回インド森林会議、水野、2006）。すなわち当時の英領インドは森林水源涵養機能論に関する事例やデータは喉から手が出るほど欲しいという状況であった。

このように森林水源涵養機能に対する関心が高いという背景を指摘できるにもかかわらず、当該の出品項目が1884年の万国森林博覧会に設定されていない理由として、そのような出品を主催者が予想していなかった可能性がある。森林水源涵養機能に関する分野で先進的な立場にあった日本にとっては、まさに国威発揚のチャンスであった。関連する動きは国内でも見られ、1890年に開催された第3回内国勧業博覧会では「水源涵養、土砂扞止、風潮除ケ魚附ケ林等ニ係ル方案」という出品部類が設定されることになる。

　第Ⅳ章では、この項目に出品され褒章を受けた方案の内容を詳しく述べ、その後のこの方案の扱いについて詳しく検証し、近代日本社会における森林水源涵養機能の受け止め方について考察を進める。

第IV章

伝統的水源涵養機能論の評価

1．ワグネルの内国勧業博覧会報告書
1.1．内国勧業博覧会とその褒章

　明治初期の日本は万国博覧会に積極的に参加するとともに、国内においても内国勧業博覧会や共進会などの企画を積極的に開催した。松波（1919）によれば、日本は1873（明治6年）〜1900年（明治33年）の28年間に、14の国際博覧会に参加している。通算五回開催された内国勧業博覧会は国内産業の振興を目的とするだけでなく将来の万国博覧会の国内開催を意識した試行でもあった。第三回内国勧業博覧会では外国人の入場を促すため729通の招待状が発送され（國、2005）、第五回では参加した外国18ヶ国からの出品が展示される参考館が設置（伊藤、2008）されたなど、国際的な水準の展示が求められた。そのため、後述するように、第一回内国勧業博覧会はその盛況に満足することなく厳しい総括がなされている。

　しかしこのような明治政府の旗振りにもかかわらず、自発的に出品しようとする国民はまだ少なく、任命された世話掛が熱心に出品を勧誘し、さらに出品者に代わって出品物の解説書や出品書類を代筆しなければならなかった（國、2005）。優れた出品に与えられる褒章は、第一回では14,455点の総出品数に対して30%の4,321点に授与された。第二回は比率が急落し85,366点の総出品数に対して4,032点（5%）、第三回は167,066点の総出品数に対して16,119点（10%）であり、第四回は

169,098 点の総出品数に対して 17,729 点（10％）、第五回は 276,719 点の総出品数に対して褒章を受けたのは 36,487 点（13％）であった（國、2005；吉田、1986）。褒章に関してはその宣伝効果を期待して利害が生じ審査に対する不満が訴訟に至った例が伝えられているが（國、2005）、後述するように受賞が後世に全く伝えられていない冷めた事例（実は、本書で詳しく後述する「水源涵養土砂扞止方案」もその一つである）もあった。

　森林関係の出品については、松波（1919）は、一般の（国際）博覧会ではたいてい林業関係の出品があったと伝えている。特定分野に特化した博覧会も多く開催されているが1884年開催のサンクトペテルスブルグ園芸博覧会・植物評議会の経費が1万円、同年のエジンバラ万国森林博覧会の経費が2万円、同年のニューオリンズ万国工業兼綿百年紀博覧会の経費が1万5,500円、翌年のロンドン万国発明品博覧会の経費が2万7,500円であったことをみると（伊藤、2008）、森林関係の出品は軽視されていなかったと思われる。内国勧業博覧会では森林関係の出品は毎回あったが、その扱いは開催回により以下のように異なる。第一回（1877年、明治10年）と第二回（1881年、明治14年）では全分野を6つの出品部類に分け、そのうちの第5区「農業」に森林関係は含まれている。第三回（1890年、明治23年）と第四回（1895年、明治28年）では7つの出品部類に分かれ、そのうちの第3部「農業・山林及園芸」（第三回）、第3部「農業・森林及園芸」（第四回）に森林関係は含まれている。第五回（1903年、明治36年）では全分野を10の出品部類に分け、そのうちの第1部が「農業及園芸」、第2部が単独で「林業」となり、展示館も林業館として独立した（吉田、1986）。第五回で、「林業」が独立した部門となり展示館も独立した理由として吉田（1986）は「今回は林業の進歩がみられること」を挙げているが、具体的にどのような進歩があったのかは明確ではない。松波（1919）によれば森林関係の出品数は、

第三回の1,762点、第四回の1,645点に対し、第五回では著しく増加し11,400余点に達したという。鉱工業の勧業政策が進められた明治時代ではあったが、内外の博覧会における林業や森林関係の出品はそれなりの存在感を有していたといえるであろう。

1.2. ドクトル　ワグネルの報告書

　明治日本の勧業政策は多くのお雇い外国人に助けられていたが、国際博覧会への参加や内国勧業博覧会の開催についても例外ではない。お雇い外国人ワグネルは、ドイツ生まれゲッチンゲン大学出身で明治5年ウィーン万国博の御用掛として日本からの出品に尽力、明治9年フィラデルフィア博では出品解説を作り、また審査に参加したほか、第一回内国勧業博覧会の指導を行った（塚谷、1964a）。「ドクトル・ワグネルの明治十年内国勧業博覧会報告書」（明治前期産業発達史資料第8集、1964年）は、第一回内国勧業博覧会の盛況に満足することなく厳しい総括を示している。同報告書は第一回内国勧業博覧会のうち第二区製造品（化学、窯術、七宝、家什器具、織物、絨糸、絹帛、衣服宝玉、紙、木・藍・革工、等）、第三区美術（彫像、絵画、図案、嵌木鏤金）、第五区農業（樹木、果実、農産、家畜、水産、農具、農業上の土工及管理法、肥料）からなっており（塚谷、1964a）、ワグネルが大変広い専門分野をカバーして報告を記したことがわかる。ワグネル自身は化学と窯業が専門であり、森林や国土保全の専門家ではないが、その広く深い見識は高く評価されている。

　第五区の「農業」の第一類「樹木培養樹林産物」という出品部類に対してワグネルは9段落からなる報告を記している。それぞれの内容を簡単に紹介すると以下のようになる。

　第1段落：山林の保護は理財上緊要である。山林荒廃は日本の将来の

51

　　　　　工業に障る。
第2段落：山林は気候に影響する。欧州のデータでは増雨効果が認められる。
第3段落：深山の森林を活用するための運材用の水渠が必要であり，欧州各国や米国では整備されている。
第4段落：日本は有用樹種を保護する方法を知らないのか？　欧州各国では有用樹種の保護に注意を払っている。
第5段落：木材の腐敗焚焼を防ぐ処理を改良して、東京の家屋の防火用に使用できるようにすべきである。
第6段落：粧飾木材を生産し輸出すべきである。
第7段落：日本の木炭は粗拙であるので、外国に学んで改良を進めるべきである。
第8段落：日本帝国に山林保護の方法はあるのかないのか？　もしあるのなら如何なる性質なるものか？
第9段落：山を赭にし林を禿にすることの大害を覚知すべきである。

　森林水源涵養機能に関連する箇所は、第1、2、8、9の4段落で、冒頭部と結論部を占めており、ワグネルが森林水源涵養機能をかなり重視していることがわかる。残りの第3～7段落では日本の伝統技術の有無にかかわらず強い表現で意見が述べられており、その中には鉄道の枕木用の技術を用いて木造住宅の防火処理を提案している部分など必ずしも的を得ていないように思われる部分もないわけではないが、優れた日本の伝統技術や文化がある一方、明治の初期には粗悪なものも多かったであろうことや、外国への輸出振興を含めた勧業政策である内国博覧会へのアドバイスであることを踏まえ、傾聴すべき指摘であろう。第2段落では欧州の観測データが示され、山林と山林から300 m離れたところの降雨量を比較し3.5（常緑樹林）～7％（針葉樹林）森林のほうが多

いという結果であった。

　第8段落の「日本帝国に山林保護の方法はあるのかないのか？　もしあるのなら如何なる性質なるものか？」というワグネルの講評は、一見、日本の後進性を指摘しているようであり、挑発的な表現のようでもあるが、同氏の指摘は世界の後進性を嘆き、むしろ日本からの発信を期待したものなのではなかったか？　第Ⅱ章で述べたように、当時の日本の森林水源涵養機能に関する国民的な認識や政策への採用などは先進的なレベルにあり、その状況をワグネルは熟知していた。例えば、第一回内国勧業博覧会の前年に開催されたフィラデルフィア万国博覧会に日本政府委員12人の一人として参加したワグネルは「米国博覧会日本出品解説」を編纂し、その大部分はワグネル自身の筆とされているが（土屋、1944）、日本の樹林の展示について以下のように記している（ワグネル、1877）。

「米国博覧会日本出品解説」第六大区　農業
樹木培養術及ヒ樹林　第六百零小区ヨリ第六百零六区ニ至ル　樹林

　日本ニ於テ山林少シトセズ某州ノ如キハ樹林甚タ繁茂シテ恒ニ其幽鬱ナルヲ見ルベシ抑木材ノ用タル往年ヨリ最モ欠クベカラザル所タレトモ其需要ニ規例アリ且ツ大工業ヲ興シテ一時ニ斫伐スルコトナキヲ以テ赭山禿林ノ憂ヲ免レ今日尚ホ其富厚ヲ称スルニ堪ヘタリ而シテ輓近新ニ工業ヲ起シ朝夕事ニ汲々タルヲ以テ樹木ノ用モ亦随テ日ニ増サザルヲ得ズ故ニ政府並ニ属意シテ山林防護ノ法ヲ案シ永ク其固有ノ富材ヲ維持セント為シタリ
　樹林ノ培養ハ殊ニ木炭ヲ製スルノ地ニ於テ専ラ規例ヲ施行セリ其法タルニアリ一ハ先ツ養樹園ヲ設ケテ苗木ヲ作リ後チ之ヲ山林ニ分栽ス一ハ養樹園ヲ開クノ地ナキヲ以テ直ニ樹種（タネ）ヲ山林ニ播下ス而シテ

十五年ヲ経テ之ヲ伐取シ後チ田園トナシ芋塊ヲ種エ三年ニシテ復タ樹種ヲ下ス　　　　　　　　　　　　　　　（下線は筆者による）

（大意：日本で山林は少なくはない。ある地方では樹林が大変繁茂している、昔から用材の需要はあったが規則があったことと皆伐しなかったことではげ山化を免れているところも多い。近年工業化が進み木材需要も増しているが、政府および役人は山林防護の法を作成し、長く森林を維持しようとしている。）

　國（2005）は、1881年（明治14年）の第二回内国勧業博覧会のワグネル報告において日本産業の現状分析、将来の指針の提言に力点が置かれ、日本農業を外国の資本や技術などを導入して発展させるべきであるという記述が報告書の随所でみられることを指摘し、その背景には経費削減のためお雇い外国人を漸次解任して邦人技術者にかえるという1879年の工部省や大隈重信大蔵卿らの方針に対する反論の意が込められていたと解説している。しかし、第一回の報告書はお雇い外国人削減方針以前の時代に執筆されているため、そのような意見の偏向はなかったと思われる。
　では、ワグネルによる明治十年内国勧業博覧会報告書の第8段落「日本帝国に山林保護の方法はあるのかないのか？　もしあるのなら如何なる性質なるものか？（原文：日本帝国ニ山林保護ノ方法アルヤ否ヤ若シ之アルモ其法ハ如何ナル性質ナルヤ）」を読んだ当時の日本の森林関係者はどういう印象を得たのであろうか？　侮蔑か？　挑発か？　あるいは激励と受け取ったのか？　当時の個々の人間がどのような受け止め方をしたのかは謎だが、報告書に触発されて行動をおこそうとすれば何ができたであろうか。報告書という文書への反論をワグネル本人に対して口頭で行っても読者には伝わらない。反論するとすれば、出版や雑誌への投

稿という手段が考えられるが、明治政府の勧業政策の中心にいるワグネルを名指しで非難することはそれほど簡単ではなかったことかもしれない。

　他の方法としては、次回あるいは次々回の内国勧業博覧会でワグネルを唸らせるような内容の展示を出品するという手段もあろう。その場合、単に日本の伝統的な山林保護の方法を示すだけでは不十分であり、国際博覧会のレベルでの洗練された展示内容および展示方法でなければ、日本から世界への発信には値しない。この場合は国際博覧会の展示のレベルを熟知した人物からの助言や指導があれば強みとなろう。

2．「水源涵養土砂扞止方案」をめぐる状況

2．1．「水源涵養土砂扞止方案」の内国勧業博覧会への出品

　1877年（明治10年）の第一回内国勧業博覧会に続く博覧会としては、第二回内国勧業博覧会が僅か4年後の1881年（明治14年）に、第三回は第一回から13年後の1890年（明治23年）に開催されている。松波（1919）によれば、この間に8つの国際博覧会が開催されているが、そのうち1884年の英国エジンバラの万国森林博覧会は森林（Forestry）にテーマを絞った万国博覧会であった。この万国森林博覧会では、既に第Ⅲ章3節と同4節で触れたように日本は高い評価を得ている。日本政府出品の全体に対して一等金牌が与えられ、各項では以下の10の展示が銀銅牌賞状などを受賞したが（大日本山林会報告35号）、ワグネルが求める「山林保護の方法」に関するものはない。1）伐木の図解と写真模型、2）炭竈の模型と木炭の見本、3）木材標本と乾せき（月偏に昔）葉など、4）竹細工、5）柳行李、6）桶匠製作物、7）木材学鑑品と動物標本虫類標本、8）外国種移植苗木標本、9）山林地質分区図、10）樹木天然位置図。

　1890年に開催された第三回内国勧業博覧会では「水源涵養、土沙扞止、

風潮除ケ魚附ケ林等ニ係ル方案」という出品部類が「第三部　農業山林及園芸」の「第九類　森林ノ方案及図書標本」の中の「其ニ」として設定された。松波（1919）はこの第三部第九類其ニの出品部類を「水源涵養土砂扞止方案」と略称しているので、本書でもそれにならう（「土沙」を「土砂」と表記している部分もそのままならった）。第一回と第二回そして第五回の内国勧業博覧会には「水源涵養」という文言のついた出品部類はない。第四回には第三部第三十一類其一に「有害鳥類虫類ノ駆除及森林保護、植伐、水源涵養、土沙扞止、風潮除ケ、魚附ケ林等ニ係ル方案、図式、雛形、成績」という大変長い名称の出品部類が設定されており、「水源涵養」という文言は一応入っているが重要性が薄らいだ感は否めない。実際、「第四回内国勧業博覧会出品部類目録」に掲載されている第三部第三十一類の出品物リストの中に「水源涵養」を名乗る出品はなかった。すなわち第三回では必要性が認められ新設されたが、第四回では必要性は相対的に下がり、五回では必要性を認められなかったと推測される。

　第三回における「水源涵養土砂扞止方案」の出品部類の中で山梨県中巨摩郡共立勧業試験所より出品され三等有功賞という褒章を受けた方案の内容を詳しく検討してみたい。まず、「第三回内国勧業博覧会審査報告」（第三回内国勧業博覧会事務局、1891）の当該展示に関する部分を引用する。

「水源涵養土砂土砂扞止方案」
　山梨県甲斐国中巨摩郡共立勧業試験所出品ニ有功三等賞ヲ授与サレシ水源涵養土砂扞止ノ方案ハ其着手年尚浅シト雖モ既ニ各所ニ植樹シ協同其目的ヲ達センコトヲ勉ムルハ其設計ノ宜チ徹スベク又其方案ニ添付シテ出陳セシ本地産ノ用材標本壱百拾四種ハ森林ノ繁殖木材ノ供用ヲ講スルノ参考品ニ充タルモノニシテ注意周到ナルヲ観ルニ足レリ其解説書ヲ

左ニ抄記ス

　試験所ハ本所ヲ巨摩郡役所ニ設ケ支所ハ各村役場内ニ設ク明治十四年ノ創設ニシテ初メ数ヶ所ノ苗園ヲ設置シ十七年ニ及ビ山林ヲ借受ケ植樹ニ着手シ又民林所有者ニ苗木ヲ施与シテ繁殖ヲ図ラシム十八年官有地数ヶ所ノ貸与ヲ許可セラレ連年栽植ニ従事シ総テ曩ニ指定セル個所ハ殆ンド植樹ヲ終ヘ目今立木ノ目通壱尺長サ弐間余ニ達セシモノ数十町歩ノ多キニ及ビ隨テ兀山ニ鬱蒼ノ状ヲ呈シテ水源涵養土砂扞止ノ効ヲ奏セントシ又本所ノ補助ヲ得テ民有林ノ実効ヲ奏セシ個所亦尠カラザルナリ。
（要旨：「水源涵養土砂土砂扞止の方法」

　山梨県甲斐国中巨摩郡共立勧業試験所から出品され有功三等賞を授与された水源涵養土砂扞止の方法は着手から年浅いが既に各地で実施され、すぐれた計画であり、また一緒に出品された用材標本114種はこの方法により森林が繁殖し木材が生産できることを説明するものである。この方法の解説書の要点を以下に記す。

　山梨県の中巨摩郡共立勧業試験所は本所を巨摩郡役所に支所は各村役場内に設置し明治14年に創設された。初め数ヶ所の苗園を設置し明治17年に山林を借受け植樹に着手し、また民有林の所有者に苗木を提供して繁殖を図り、明治18年国有地数ヶ所の貸与を許可され連年栽植を実施し総て以前に指定された個所はほとんど植樹を完了し、現在、立木の直径10cm長さ4m程に達したものが数十ヘクタールに及んで、かつてのはげ山が鬱蒼とした状態となり水源涵養土砂扞止の効果が発揮されつつある。また試験所の本所の補助を得て民有林でも効果が出ているところが少なくない。）

　褒章理由が記された「第三回内国勧業博覧会第三部褒章薦告文」の当該箇所は以下の記載となっている。

三等有功賞　部長：田中芳男　審査官：高島得三、藤田克三、北原大発智
水源涵養土砂扞止方案　　山梨県中巨摩郡共立勧業試験所
曾テ設計スル所アリテ各所ニ植樹ス其成功未著シカラズト雖実行ノ蹟観ルニタ足レリ其有功嘉賞ス可シ
（要旨：設計に従い各所に植樹したが、未だ顕著な成功とはなっていないが、その実績は評価する価値あり。有功賞を授与。）

　審査員のうち部長の田中芳男は、「第三部　農業山林及園芸」の全ての褒章受賞出品物について名前が挙げられており、森林関係の展示の実質的な審査の代表者は、1884年の英国エジンバラ開催の万国森林博覧会で活躍した高島得三であった。表－9に第三回内国勧業博覧会における第三部（農業・森林及園芸）の褒章の状況を示す。名誉賞、一等～三等の進歩賞および協賛賞には高島が審査にかかわった森林関係の受賞はない。有効賞についても高島がかかわる森林関係の受賞は少ない。そのすべてを表－10に示す。一等と二等については褒章理由も示したが、「多額を算出」「販路ますます拡がる」「事業の拡張」というような事業とし

表－9　第三回内国勧業博覧会における第三部（農業・森林及園芸）の褒章

名　誉　賞	生糸（三重県伊藤小左衛門）、製茶（静岡県丸尾文六）。
一等進歩賞	繭・蚕種（埼玉県競進社）、蚕種・繭（群馬県養蚕改良高山社）。
一等有功賞	苹菓（北海道水原寅蔵）、藍玉（北海道興産社）、牛（北海道田村顕允）、牛（北海道堀基）、など60点あり。
	内訳：牛3点、馬6点、茶4点、繭・蚕種9点、煙草5点など。一等有功賞の内、高島得三が審査官として関わったものは、2点で木材十五品・桍桍二聯（奈良県土倉庄三郎）、木材三十三品（三重県土井幹夫）
一等協賛賞	蚕糸業（山梨県八田達也、出品物は蚕種・繭）
二等進歩賞	8点、内、高島得三が審査官として関わったものは無い。
二等有功賞	465点、内、高島得三が審査官として関わったものは7点。
二等協賛賞	1点、高島得三が審査官として関わったものではない。
三等進歩賞	6点、内、高島得三が審査官として関わったものは無い。
三等有功賞	1782点、内、高島得三が審査官として関わったものは31点。
三等協賛賞	3点、内、高島得三が審査官として関わったものは無い。

ての成功を意味する文言（表－10の下線部）あるいは「父祖の偉業を継ぎ」という文言（同）のいずれかが使用されている例がほとんどである。家長制度的な価値観や同族世襲による経営の実態、および勧業という博覧会の目的を反映した褒賞理由であろう。

　褒章の理由に関してもう一つ注目すべき点がある。それは博覧会における展示物の優劣ではなく展示品を生産した事業そのものが褒章の対象となっていることである。森林関係以外の他の出品物の場合、例えば「日本酒」「生糸」「卵」などは出品物そのものの特徴が褒章の理由となっているのとは対照的である。表－10に示す褒賞理由は、「多額を算出」とか「父祖の偉業を継ぎ」という、展示物だけをみていてはわからないはずの情報に基づいている点に注目したい。この理由として考えられることは、森林関係の優れた技術や成果は切り取って博覧会の会場に持ってこられる性質のものではないという認識があったのか、あるいは未完成の技術などをその潜在的なポテンシャルの高さで評価して応援しようという意図があったのかはわからないが、展示物そのものの特徴だけで評価することに戸惑いがあったことがうかがわれる。

　博覧会や博物館での科学的な展示は近世ヨーロッパの博物学の高まりを端緒とするが、展示とはフーコー（1966、渡辺・佐々木訳、1974）によれば、従来の自然を対象とした記述が「それと他のものとの類似関係、それがもつとされる美質、それが登場する伝説や物語、それがあらわされる紋章、それを材料としてつくられる薬剤、それから得られる食品、それについて古代人が語っていること、それに関して旅行者の話したこと、そうしたすべてを記すこと」と「物について観察しうるもの」とが「切れ目のない織物」となっていた状態から、その物の存在だけを開放することであった。「縺れ合う織物」を断ち切って対象物そのものを展示するという表現方法は、着目する要因のみを取り出して計量し計算し説明するという近代科学の手法とともに、「縺れあう織物」を切り捨て軽ん

表－10　第三回内国勧業博覧会における森林関係の褒章
（第三部の内、高島得三が審査官として関わったもの）の一覧　（その１）
下線は筆者による。

一等有功賞 （2点）	5頁	木材十五品・桴（いかだ）二聯	（奈良県　土倉庄三郎）
		常ニ力ヲ林業ニ尽シ植伐宜キヲ得テ年々多額ノ良材ヲ算出シ且意ヲ運材法ニ注ギ益世ノ需要ヲ充サンコトヲ勉ム真ニ林業者ノ模範タリ	
	5頁	木材三十三品	（三重県　土井幹夫）
		多年心力ヲ林産ノ増殖ニ尽シテ年々巨額ノ木材ヲ算出シ殊ニ学理ヲ応用シテ林業ノ改良ヲ図リ益<u>父祖ノ偉業</u>ヲ拡張センコトヲ勉ム山林家ノ領収タルニ負カズ	
二等有功賞 （7点）	32頁	薪三品，炭一品	（茨城県　中島　淳）
		樹林ノ繁殖ヲ務メ薪材ノ伐採木炭ノ製造其宜シキヲ得テ<u>販路益広マル</u>	
	34頁	用材標本	（栃木県　関根友三郎）
		積年意ヲ山林ノ繁殖保護ニ注ギ植伐其宜キヲ得ルヲ以テ材質ノ良好ヲ致セリ善ク<u>父ノ偉業ヲ継ギ</u>又善ク他ヲ誘導スルヲ観ル	
	35頁	杉樽材四品	（奈良県　井上僖作朗）
		巨多ノ良材ヲ出シ殊ニ製造共宜キヲ得ルニ由リ需要者ニ満足ヲ与ヘ<u>販路益広マル</u>加之平素他ヲ誘導シテカヲ林業ニ尽ス	
	35頁	木材六品・桴模造二聯	（奈良県　伊藤清内）
		従来力ヲ山林ノ植伐ニ尽シ年々各種ノ良材ヲ算出シ且意ヲ運材法ニ用ヒルヲ以テ<u>益販路ヲ広ム</u>	
	38頁	樅板	（静岡県　林産商会天城山出張所）
		蒸気力ニ藉リ<u>多額ヲ製出</u>シテ価格ヲ低廉ナラシメ専ラ印度地方ニ輸出スベキ茶櫃用材ニ供ス設計宜キヲ得タリ	
	42頁	苗木二種	（宮城県　東北造樹会社）
		山林ヲ繁殖シテ国益ヲ興サンコトヲ企図シニ十余年ノ久キ専ラ養苗植樹ニ黽勉シテ漸ク<u>事業ノ拡張</u>ヲ致ス	
	50頁	山林繁殖方法	（広島県　八田謹二郎）
		大ニ山林ノ繁殖ヲ計リ切ニ木材ノ伐採ヲ篩ニ注意至レリ真ニ善ク<u>父祖ノ業ヲ継承</u>スルモノニシテ同業者ノ龜鑑ト写ニ足レリ	

じてきたのであった。この近代科学の手法は、自然からの収奪物を材料とした生産物や近代工場の生産品については有効であっても、森林というフィールドそのものを対象とした場合には「解きがたく縺れあう織物」を切り捨てることは容易ではない。なぜならフーコーがいうように「自然それ自体が…（中略）…切れ目のない織物をなしている」からである。森林を対象とした科学や技術がその「切れ目のない織物」をすべて背負

表－10　第三回内国勧業博覧会における森林関係の褒章
（第三部の内、高島得三が審査官として関わったもの）の一覧　（その２）

三等有功賞（31点）		
70頁	黄楊材	（東京府　栗本一郎）
70頁	竹材鑑品	（東京府　小野職悠）
71頁	木材鑑　衝立嵌入	（東京府　東京材木問屋組合・東京材木仲買小売組合）
71頁	木材　五品	（東京府　山田喜助）
71頁	洋式下見板	（東京府　松村両平）
83頁	木炭　池田炭	（大阪府　福井萬右衛門）
83頁	木炭　池田炭	（大阪府　大原與實）
93頁	苗木十一種　牡丹十種	（兵庫県　大日本産樹社）
93頁	木炭　白炭	（兵庫県　原田吉郎右衛門）
114頁	苗木三種	（千葉県　山崎増蔵）
119頁	木炭　櫟硬炭	（栃木県　大平善一郎）
122頁	木材六品	（奈良県　川上村）
125頁	木炭　備長	（三重県　上野栄蔵）
125頁	茶櫃材二品　杉板樅板	（三重県　大平参次）
129頁	木材五品	（愛知県　服部小十郎）
130頁	苗木二種　杉松	（愛知県　永井茂十郎）
130頁	野火取締規則　私有地樹木植附規則　共有山植樹並保護規則	（愛知県　山吉田村）
130頁	木材三十六品	（愛知県　山口栄三郎）
137頁	水源涵養土砂扞止方案	（山梨県　中巨摩郡共立勧業試験所）
160頁	杉材	（福井県　中村嘉太郎）
166頁	杉板	（鳥取県　大呂甚平）
168頁	木材十一品	（島根県　周吉郡布施村）
169頁	杉板	（島根県　若槻佐一郎）
172頁	木炭　黒焼折炭	（岡山県　黒田伴三郎）
172頁	燐枝軸　辛夷白楊芋木兜櫨樹材製	（岡山県　福原喜作）
177頁	木炭　樫（かし）堅炭	（山口県　隅　喜作）
178頁	木炭　馬目樫炭	（和歌山県　寒川貞助）
181頁	木炭　堅炭	（徳島県　日根亀三郎）
187頁	木炭　おこしずみ	（高知県　原　新吉）
197頁	木材六品	（宮崎県　谷　仲）
200頁	黄楊材	（鹿児島県　中村綱明）

※本表では、推薦理由を省略した。

い込んで格闘していかざるをえないとすれば、博覧会での森林関係の展示というものはもともとひどく収まりの悪いものなのかもしれない。

　さて内国勧業博覧会に出品されたのは、各産業の生産物や標本ばかりでなく、方法や規則などの「方案」も対象であった。「第三回内国勧業博覧会審査報告」（第三回内国勧業博覧会事務局、1891）には次の一文がある。

第九類「森林の方案及標本」
旧時ハ各地方ノ森林皆大小各藩ニ於テ適宜ノ方法ヲ設ケ雑ユルニ抑圧ノ制ヲ以テシ之ガ繁殖保護ヲ施シ其方法中ニハ往々取ルベキモノ有リト雖維新ノ際ニ及ビ遂ニ藩治ト共ニ廃絶ニ帰シタリ其後世人漸ク意ヲ山林ニ注グト雖年尚浅ク林業ノ発達未ダ充分ナラザルヲ以テ方案ノ観ルベク成績ノ徴スベキモノ甚ダ少ク即チ第九類人民出品五十五点ノ内其ノ方案類ニ係レルモノハ僅二十余点ニ過ギズ其他概于標本類ニ属セリ
（要旨：昔は各地方の森林は各藩で適切な繁殖保護の方法が実施されその中には優れたものもあったが、明治維新の際の藩の支配の終了とともに途絶えてしまっていた。その後、やっと人々は山林に関心を示すようになったが、まだ林業の発達は不十分であるので、方案には見るべき優れたものは大変少ない。第九類「森林の方案及標本」の出品部類では一般からの出品55点中、方案は僅かに十点余りに過ぎず、他は標本による展示である。）

　では「方案」の出品は他にどんなものがあったのか？　森林以外の例も含め「第三回内国勧業博覧会第三部褒章薦告文」から褒章を受けた「方案」の出品を拾い表－11にまとめた。森林関係は、「山林繁殖方法」、「野火取締規則　私有地樹木植附規則　共有山植樹並保護規則」、「水源涵養土砂扞止方案」、「植樹方案」などの植林方法に関するものである。農業

第Ⅳ章　伝統的水源涵養機能論の評価

表－11　第三回内国勧業博覧会の「第3部農業・森林及園芸」における
「方案」の文言が出品名に入った例や図面などの出品例と褒章理由
下線は筆者による。

頁	出品名	褒章理由
50頁	山林繁殖方法	大ニ山林ノ繁殖ヲ計リ切ニ木材ノ伐採ヲ節ス注意至レリ真ニ善ク<u>父祖ノ業ヲ継承スル</u>モノニシテ同業者ノ龜鑑ト爲ス二足レリ
110頁	貯繭方案	夙ニ製糸業ノ必要ナルコトヲ知リ各地ヲ跋渉シ其方法ヲ研究シテ世人ノ模範トナルニ至リ夙ニ貯繭法ノ不完全ナルヲ憂ヒテ遂ニ一種ノ方法ヲ案出ス未ダ世ニ用ヒラレズト雖其装置ノ簡易適切ナル将来必ズ当業者ニ益スルヲ信ズ
129頁	養鶏方案	夙ニ養鶏ニ従事シ□次失敗ニ罹ルモ為ニ挫跌セズ幾多ノ経験ヲ積ミテ遂ニ今日ノ<u>盛大ヲ致セリ</u>
130頁	野火取締規則	私有地樹木植附規則　共有山植樹並保護規則設計スル所ノ順序完全ニシテ注意周到ナリ実施以来年尚浅ク成績未著シカラズト雖モ能ク一村ノ基本<u>財産ヲ増殖スル</u>ノ端緒ヲ開ク
137頁	水源涵養土砂扞止方案	曾テ設計スル所アリテ各所ニ植樹ス其成功未著シカラズト雖実行ノ蹟観ルニ足レリ
161頁	耕地区画改正図	狭隘ナル耕地ノ区画ヲ改正シテ地積ヲ増加シ且排水,灌漑,耕転等諸般ノ農業上ニ著シキ便益ヲ起セリ
201頁	米質改良事業	夙ニ地方米質改良ニ力ヲ尽シ衆ニ勧メテ白玉種ヲ栽培セシメ目今輸出スル所ノ量数万石ノ多キニ至ル
202頁	田区改正	村民田区改正ノ事ヲ計ルニ方リ勧奨薫督其宜キヲ得以テ此<u>有益ノ事業ヲ成</u>サシム
202頁	田区改正新旧比較図	夙ニ田区改正ノ事ヲ企画シ各地主ノ間ニ周旋シテ遂ニ<u>好成績ヲ呈スルニ至ル</u>
231頁	農事方案試作人心得書	創業以来日尚浅シト雖既ニ好成績ヲ呈スルハ蓋シ其組織ノ宜キヲ得ルニ由ル
261頁	農業有志同盟会事蹟及将来設計書	組織計画共ニ宜キヲ得タリ
261頁	試植場巡視法施設方法及撰種図	設計宜キニ適スルヲ証シ将来此方法ヲ実施シテ怠ラザレバ其利益将ニ測ルベカラザラントス
300頁	田園図式	夙ニ感奮スル所アリテ明治十一年中祖先以来ノ居宅を離レ寂寥タル原野ニ移住シ不屈不撓ノ精神ヲ以テ遂ニ<u>一ノ農場ヲ起スニ至ル</u>
336頁	植樹方案	協同一致シテ林木ノ栽植ニ従事シ設計殊ニ宜キニ適ス
341頁	畦畔改良図	地主及小作人協同一致シテ明治廿年中土地区画改正ノ工ヲ起シ幾多ノ障碍ヲ排シテ遂ニ克ク其功ヲ奏ス
341頁	畦畔改良図	道路及畦畔ノ屈曲シテ耕転運搬等ニ不便ナルヲ慨キ明治五年以降之ヲ改正ニ着手シ遂ニ奏功ヲ得テテ隣近地方其学ニ倣フモノアルニ至ル
419頁	輸出米取締方法書	維新以后米穀ノ粗悪ニ流ルルヲ憂ヒ明治十八年一月以来本法ヲ実施シテ当業者ノ注意ヲ喚起シ郡内産出米ノ品位ヲシテ漸次精良ナラシムルニ至レリ
419頁	農業方案	常ニ意ヲ農事ノ改良ニ注ギ事績ノ見ルベキモノ少ナカラズ而シテ其記載スル所ニ尽ク多年ノ実験説ニ係ルヲ以テ農家ニ裨益スル鮮少ナラズ
500頁	農業試験成績表	設計其宜キヲ得テ此ノ成蹟ヲ来ス

関係では、「耕地区画改正図」、「田区改正」、「畦畔改良図」などの水田整備や「米質改良事業」、「農事方案」、「農業方案」などの生産方法の改良に関するものがある。そのほか「貯繭」や「養鶏」、「輸出米取締方法書」などもある。褒章理由をみると既に実績があがっているものが多いが、今後の期待を重視したと思われる褒賞には、「水源涵養土砂扞止方案」の他に「野火取締規則　私有地樹木植附規則　共有山植樹並保護規則」、「農業有志同盟会事蹟及将来設計書」、「試植場巡視法施設方法及撰種図」があった。

　第三回内国勧業博覧会の「森林の方案及標本」の部門を総括して、下記のような評価が下されているが、博覧会の展示については冒頭の一文で触れられているだけで、ひたすら国土の荒廃を憂慮した内容となっており、末尾では、「植樹を進め水源が涵養され土砂が停止すれば下流の村落もその利益を受ける」ことを説いている。このことから高島得三（北海）ら担当の審査委員が「水源涵養土砂扞止方案」の出品部類を名指しはしていないものの、その意義を強調していたことがうかがわれる。

「第三回内国勧業博覧会審査報告摘要　第九類（森林の方案及標本）」
　山林保護繁殖ニ関スル方按規則類及標本図表類ノ出品中取ルベキモノナキニアラズ以テ林業ノ漸ク発達セル一班ヲ徴スルニ足ル而シテ近来各地ニ於テハ山林繁殖ヲ図リ組合規約等ヲ設ケルモノアリト雖流材ノ業務未備ハラザルハ甚遺憾トス仰我邦民林中最有名ナルモノハ大和国芳野川及遠江国天龍川ノ通過セル処トシ其他有名ナルモノハ概子川筋ニ沿ヒ運搬スルノ便アリテ従来流材ノ慣法アル場所ニ限ルカ如シ而シテ随テ伐採スレバ随テ捕植スルモノ亦此等ノ山林ニアラザルハナシ若夫レ鬱蒼タル森林モ水運ノ便ヲ得ザレバ幾百年ヲ経ルモ斧斤入ラズシテ空ク朽腐ニ属セシムルニ至ル然ルニ水運ノ便アルモ其水源ニ森林ヲ見ザルモノアリ是水源ニ於ル村民山林ノ利益ヲ知ラザルニアラズシテ其植樹ヲ勉メザルハ

第Ⅳ章　伝統的水源涵養機能論の評価

何ゾヤ蓋水利ニ依リ木材ヲ出シテ利ヲ得ヘキノ目的ナケレバナイ而シテ水利アルモ流材ヲ為シ得ザルモノハ抑亦何ノ故ソヤ是山間村落ト其水ヲ灌漑スル地方ノ村落ト相和セザルニ由レリ従来流材ノ慣習ナキ山中ニ良材アリヲ伐採シ川流ニ依リ之ヲ流下セントスルニ当リ其末流ニ沿エル各村ノ之ヲ拒メルカ為事業ヲ中止セル例ハ少カラズ斯ノ如クナルヲ以テ山間ノ村落ハ利益の與スベキノ途ナク遂ニ之ヲ焼畑トナシ僅ニ稗蕎麦等ノ類ヲ作リテ食用ニ充テ或ハ石灰ヲ焼キテ細利ヲ営ムニ過キスシテ地味ハ益痩セ山面裸禿シテ土砂ヲ流出シ其末流ニ沿エル村落ニ在ラバ年々旱損若クハ水害ニ罹ルコト少カラズ以上論ズル如クンハ水源及末流ノ村共ニ其利ヲ失ウモノト云フベシ若此れ弊習ヲ一洗シテ末流ノ村落ハ流材ヲ拒マズ水源ノ村落ハ流材ニ由テ生ズル損害ヲ償フノ途ヲ開カバ是カ為メ深山ノ森林ハ価値ヲ増シ山間ノ村落ハ其利ニ頼ルコトヲ得ルヲ以テ<u>自ラ植樹ヲ務ムルニ至リ随テ水源ヲ涵養シ土砂ヲ停止シ末流ノ村落モ其利益ヲ被ルニ至ル</u>ハ信ジテ疑ヲ容レザルナリ　　　　（下線は筆者による）

2.2.「水源涵養土砂扞止方案」のその後

　次に、第三回内国勧業博覧会の「水源涵養、土沙扞止、風潮除ケ魚附ケ林等ニ係ル方案」という出品部類に出品し褒章を授与された山梨県中巨摩郡共立勧業試験所の「水源涵養土砂扞止方案」の実態とその後の扱いについて検討を進めよう。この「水源涵養土砂扞止方案」について触れた資料は大変少なく、内国勧業博覧会関係以外の文書で筆者が唯一入手できたのは1928年に発行された「中巨摩郡志」の記載であり、以下に引用する。（なお1883年に地方巡察使（元老院議官渡辺清ら一行）が山梨県を巡視した際の復命書に水源の涵養を目的とした樹木苗園設立の動きが記載されているが、これが後の1890年の第三回内国勧業博覧会に出品された方案と関連するものなのかどうか不明である。）

「中巨摩郡志」(1928)
「(前略)往昔鬱蒼たりし森林も逐次濫伐を極め、到る処山骨露出の景状を呈し些しく旱すれば忽ちにして水源枯渇し、霖すれば一朝にして洪水を来し、山岳崩壊して砂礫は流出し、川床を嵩め堤溏し若しくは埋没して逸流氾濫田園民屋を害すること此年郡有志者大に之を憂へ明治十四年中資金一萬円を醵集して私立の勧業試験所なるものを設け、一面普通農事の改良を図り一面大に森林増殖の計画を立て専ら杉、檜、落葉松の樹苗を養成して郡内希望者に分与し尚進んで部分林設定の模範を示せり。」

　この記載では1881年(明治十四年)に山梨県中巨摩郡の有志が資金1万円を集めて私立の勧業試験所を設置したとあるが、推進者や資金の提供者の具体的な氏名は記されていない。二つある事業の一つは(森林ではなく)普通の農業関係の改良とあるから、森林のみを対象とした勧業試験所ではなく、農業と林業のどちらの比重が大きかったのかはわからない。事業のもう一つが大規模な植林計画で、スギ、ヒノキ、カラマツの樹苗を養成して、山梨県中巨摩郡内の希望者に分け与えるとともに、部分林設定の模範となるような植林も実施したらしい。「中巨摩郡志」の記載は続く。

「是れ実に本県下に於ける部分林設定の嚆矢にして一般植林の思想を喚起するもの尠なからず、爾来事業を継続すること十ヵ年其の間希望者に分与したる樹苗二百三十六萬本部分林を設定し、植樹せしもの九十六町二反二畝二十九歩に達せり。」

　この事業は山梨県における部分林設定の始まりであり、一般の人々に植林を啓発する効果もあった。事業開始から10年間で236万本の樹苗を希望者に分与し、部分林設定で植樹した面積は約96haに及んだとい

う。「中巨摩郡志」の記載は続く。

「然し、之が経営をなさしめんとし其の財産全部即ち九十六町余歩の部分林並びに苗圃地面積四段七畝十五歩と金五千四百三円九銭とを挙げて郡に寄付せり。郡は其の寄附を容れ益々事業を拡張経営せんとし常設林業委員を置き専ら事業の経営を掌理せしめ、同時に植林規程（附録第一号）を設定して作業の方針を確定せり。而して従前施行し来りたる樹苗分与のことたる植林思想の極めて幼稚なる時代に方りては奨励の便法たりしも、最早其の必要を認めざるより数年前己に之を廃し、郡の自費としては確実なる営業人より二年或いは三年生の樹苗を購入し、植樹地附近に於て床地を選択開墾し之に移植し、地質気候に慣熟せしめ、然る後植栽することとなし又漸次苗園を拡張し。樹苗購入を要せず年々植栽需要に供給せんとの方法にて之が実行に勉めつつあり。」

　1891年（明治二十四年）事業は、全財産（96haの部分林および苗圃と現金5,400余円）とともに中巨摩郡に寄附されることとなり、郡は常設林業委員を置き植林規程を設定し事業は継続された。私立の勧業試験所の事業でスタートしたが郡の公的な事業となったのである。その後、樹苗の希望者への分与については使命を終えたとして廃止したとある。「中巨摩郡志」の記載は続く。

「又杉檜落葉松を混植せしは水源涵養、土砂扞止等に最も適するは檜其の他の陰樹類なりと雖も該樹種は概して幼時成長遅緩なるを以て杉落葉松の如き成長は速なる陽樹を混植し漸次之を間伐せば急速に目的を達すると同時収利扞も又一層ならんと思惟したるに依る。」

　水源涵養、土砂扞止等に最適なのはヒノキなどの陰樹類であるが幼齢

時の成長が遅緩なので、スギやカラマツなどの成長の速い陽樹を混植し成長させ、後にスギやカラマツを間伐すれば、目的も早く達せられ、同時に利益もあがることが、スギ、ヒノキ、カラマツを混植した理由であると記されている。「中巨摩郡志」には次の一節に続いて、15ヶ所の造林地の所在地、地種（御料地、郡有地、社寺有地、共有地）、設定年度、設定面積、設定方法（分収の官民比率などを記載）、樹種、樹種毎の植栽本数、植栽面積を記した表が掲載されている。

「管理上より云ふときは箇処数を少なくし、一個の面積を可及的大にするを利ありとすれども、郡内一般に植林の思想を喚起せしめ、且造林の模範を示すを目的とするが故に造林地は各村落に散在し本表の如き配置となりたり。」

　管理上は植林の箇所数を少なくし大面積とするほうが有利であるが、郡内一般に植林思想を喚起するため、また造林の模範を示すことが目的であるため、造林地は各村落に散在させることとなった。

　掲載された表中の15ヶ所の設定年は、明治10年代が8ヶ所、20年代が4ヶ所、30年代が3ヶ所であり、このうちの最後の明治38年度（西暦では1905年度）の植林は日露戦役紀念林（ママ）としての約90haの植林で明治43年に完成予定として着手されている。「中巨摩郡志」には続いて「郡有林設定方法」、「造林及び其の成績」、「保護管理の方法」、「郡有林規程」が掲載されている。そして最後に、以下の重要な記載がある。

「以上本郡有林も大正12年郡制廃止に当り、無条件県に帰属せられんとすると漸く郡農会に於て立木並に分収権等の譲与を受け今は全く同会の財産となると共に将来の経営上に付慎重調査の結果、榊村平林村分は

郡農会直営とし最も広き面積と地質豊なる宮本村大字御嶽字葭ヶ窪及赤彦に属する山林は各村農会へ経営を依託する方針を定む、即ち其の目的は部分林とし将来郡農会の基本金造成を期すること亦一面には町本農会の基本財産も此の山林収入を以て造成せしめ、之が完成の暁は山林総価格百三十九萬九千二十五円の巨額に達すべき成案なりとす」

　本郡有林も大正12年（1923年）の郡制廃止で無条件に県の所有となってしまうところであったが、中巨摩郡の郡農会が立木と分収権等の譲与を受け、全く同会の財産としたとある。その目的は将来の郡農会（郡制廃止後は町農会か）の基本金とすることであり、また、町本農会の基本財産もこの山林収入で増やし、山林総価格1,399,025円の巨額に達すると推定している。山梨県全体の財産となるべきものを中巨摩郡が独占してしまったのだとすれば、山梨県下の他地区の人々は納得していたのであろうか。

　さて、以上のように第三回内国勧業博覧会に出品された「水源涵養土砂扞止方案」に対応すると思われる事業について、1928年発行の「中巨摩郡志」には詳しく記載されているが、山梨県の森林に関する他の資料には該当する記載はほとんどない。また1922年（大正11年）に山梨県により発行された「山梨縣林政誌（全）」に該当する記載はみられないが、1909年（明治42年）に知事から内務大臣宛に山林技師の雇用費用を申請した申請理由に次の一節があるが、文中の「進捗意の如くならず（思うようには進捗していない）」という事業と中巨摩郡の「水源涵養土砂扞止方案」の事業との関連についてもわからない。

熊谷知事から内務大臣宛の申請書の一節
「山梨縣林政誌（全）p.184-186」
（略）…県の経営に係る苗圃約五十ヶ所を置き殖林経営者に樹苗の無代

下付をなし又一方に於ては殖林補助費を殖林経営者に交付する等専ら殖林奨励に尽し候次第に有之候へ共殖林の事たる其成績を永年の後に期せさるへかさるの事業たるを以て指導奨励尽ささるに非されとも進捗意の如くならず…（以下略）

1902年山梨県北巨摩郡農会において林学士塩澤健による林業講話が開催され、その筆記が出版されているが、中巨摩郡の「水源涵養土砂扞止方案」の事業については記載されていない。小林編（1906）の「山梨縣案内」は地元新聞社の出版物であるが、中巨摩郡の「水源涵養土砂扞止方案」の事業についての記載はない。次に示す3ヶ所の記述においても中巨摩郡の事業が郡有林あるいは農会の所有林であって県有林ではなかったためか、全く無視されている。

・「明治35年森林整治の方針を一定し…爾来専ら山林の経営施設中にあり。」
・「県有模範林　明治三十三年以降継続事業として…経営し、」
・「林業奨励　県苗園の経営、県苗園は去る明治三十六年の創始にして…」

1935年の山林第635号に掲載された「森林治水事業の功績．―山梨県中巨摩郡清川村に於ける事例―」には森林治水事業の開始が大正元年とされ、それ以前の事業については触れられていない。同号に掲載された「森林治水事業促進座談会」において山梨県林業家大澤伊三郎の発言が掲載されているが、中巨摩郡の「水源涵養土砂扞止方案」に関連する動きについては何も言及されていない。

現代の文献であるが、まず2002年発行の「山梨県恩賜県有財産御下賜90周年記念誌」では明治時代の県下の林政について10ページ以上を割いて詳しく記述しているが、当該の中巨摩郡の「水源涵養土砂扞止方

案」に関連する動きには言及していない。山梨県の地租改正と殖産興業を詳しく研究した田嶋（2003）にも記載はない。また明治期の山梨県の森林を扱った大橋（1991）も中巨摩郡の「水源涵養土砂扞止方案」に関連する動きについて記載していない。

2．3．「水源涵養土砂扞止方案」の特徴

　第三回内国勧業博覧会に出品された「水源涵養土砂扞止方案」に対応する事業が前節で詳述した「中巨摩郡志」（1928）記載の事業であるとして、関連する動きを時系列的に表－12 にまとめた。事業の特徴を整理すると以下の点を挙げられる。

a）大資本を投じ同時に複数で試験。
b）第三回内国勧業博覧会に出品＆褒章の直後に中巨摩郡に寄附。
c）良好な成果を挙げているにもかかわらず、継承されていない。
　　他地区への波及もみられない。
d）地元での表彰などなし。偉人伝もない。
e）後世の史誌等に記載されず。
f）スギ、ヒノキ、カラマツを混植することに特徴あり
g）造林法あるいは緑化法であって、森林のもつ水源涵養土砂扞止機能
　　をさらに高める方法ではない。

　まず、a）について検討したい。有志が集めた資金1万円という金額であるが、1881 年（明治 14 年）時点での貨幣価値の参考としてお雇い外国人の給与を挙げてみると、1879 年に着任した土木工学の T. アレキサンダーの月棒が 350 円、1882 年に着任した造船学の C.D. ウエストの月棒が 350 円、同年着任の橋梁学の J.A.L. ワデルの月棒が 370 円（土木学会外人功績調査委員会、1942）であるから、お雇い外国人の年棒 2 ～

表-12 第三回内国勧業博覧会に「水源涵養土砂扞止方案」が出品された前後の動き

1877（明治10）年	第一回内国勧業博覧会開催、ワグネルによる博覧会報告書提出。
1878（明治11）年	高島得三、山梨県に出張し樹木生育景況を調査。
1879（明治12）年	お雇い外国人を漸次解任して邦人技術者にかえるという工部省や大隈重信大蔵卿らの方針。
1881（明治14）年	第二回内国勧業博覧会。
1881（明治14）年	高島得三「民林ニ関スル建白書」を提出。
1881（明治14）年	中巨摩郡有志、私立の勧業試験所を設立。
1883（明治16）年	「樹木ヲ伐ツテ水源ヲ涸ラスノ説ハ舶来ニアラズ」大日本山林会報告に掲載。
1883（明治16）年	地方巡察使（元老院議官渡辺清ら一行）が山梨県を巡視しその復命書に水源の涵養を目的とした樹木苗園設立の動きを記載。
1884（明治17）年	英国エジンバラ万国森林博覧会。
1885（明治18）年	中巨摩郡の事業開始。
1885-1888（明治18-21）年	高島得三ナンシー留学。
1890（明治23）年	第三回内国勧業博覧会に「水源涵養土砂扞止方案」が出品され褒章を受ける。
1891（明治24）年	私立の勧業試験所の部分林（96町余歩）など全財産を中巨摩郡に寄附。
1891-1895（明治24-28）年	中巨摩郡、部分法により宮本村の御料地内の150町歩に杉檜落葉松を混植。
1897（明治30）年	森林法制定。
1897（明治30）年	高島得三、山林局を非職。
1900（明治33）年	スイスで量水観測研究開始。
1903（明治36）年	第五回内国勧業博覧会：単独で「林業」という部類で、展示館も「林業館」として独立。
1903-1905（明治36-38）年	中巨摩郡、部分法により源村内の御料地内の36町歩に杉檜落葉松を混植。
1905（明治38）年	中巨摩郡、専務の林業技術員を設置。
1905-1910（明治38-43）年	中巨摩郡、日露戦役紀念林として、部分法により榊村字高尾山の御料地内に89町歩に杉檜落葉松を混植。
1923（大正12）年	中巨摩郡の郡制廃止に当り郡農会に譲与。
1928（昭和3）年	部分法による明治18年以来の植林（計340余町歩）の成績良好、村民の保護行き届き未だ損害なし。

資料：中巨摩郡聯合教育会編纂（1928）中巨摩郡志、長池（1973）

3人分という金額に相当する。勧業や科学振興の目的に対して政府が出資しうる金額としてみても少ない金額ではない。しかし中巨摩郡の有志が得た資金1万円の出資者などの情報はみつからない。出資者への配当あるいは返金などは1891年（明治24年）の郡有林化の折にも、あるいは1923年（大正12年）の郡農会の財産化の折にも記録されていない。資金1万円が無償で提供されたのなら顕彰などがあってもよさそうであるがその記録もない。

また当初の事業内容であるが、数ヶ所の苗園を設置し官有地数ヶ所で植林と、いきなり数ヶ所で着手している。新しく事業を始める際、成否も確約できない段階では1ヶ所の試行から開始するほうが確実ではないだろうか？ 手法に欠陥や見通しの甘さがあれば、すべてが失敗に帰す可能性もあり、その場合のダメージは大きい。それにもかかわらず一事例ずつ着実に成功させていくという手堅さがみられないのは、成功する自信があったからなのか、あるいは成否は関係なかったからなのかのいずれかであろう。前者の場合は、在来技術で新規な挑戦ではなかったのかあるいはその能力をもつ指導者がいたのかなどの可能性があるが、第三回内国勧業博覧会に出品され褒賞を授与されたことからこれらの可能性は低いと思われる。後者の場合、すなわち、成否が関係ない場合としては、例えば成功例も失敗例も含めた様々なデータが欲しいという目的で事業が実施された場合が考えられる。明治期においてこのような失敗例を含めた科学的目的の成果を発表でき、学術論文発表よりも政官財各界へのアピール効果も高い場としては、博覧会での展示という場が最もふさわしいことは偶然であろうか。

そしてb）の第三回内国勧業博覧会に出品され、褒章を授与され、その直後である翌年に中巨摩郡に全財産とともに事業自体を寄附していることから、内国勧業博覧会への出品で当初の使命を果たしたとはいえないだろうか。a）の考察と合わせて考えると、事業の目的が内国勧業博

覧会での展示であった可能性は強くなってくる。

　c）、d）、e）からは、この事業が地元の有志からボトムアップで生起してきたのであれば、地元に何らかの痕跡（足跡）が残っていそうであるが、整合しない。前節で詳しく引用した「中巨摩郡志」（1928）でさえ第三回内国勧業博覧会出品のことも褒章受賞のことも記していない。内国勧業博覧会には著名林業家も多く参加しているので、優れた方法ならば様々な交流や追随する動きがある可能性があるが、筆者はそれらの記録を発見できていない。むしろトップダウン的にこの事業が開始されたと推定したほうが、状況的には整合しやすいが、仕掛け人の候補者となりうるような人物についての情報はない。

　中巨摩郡の事業の開始直後の1883年に地方巡察使（元老院議官渡辺清ら一行）が山梨県を巡視し、その復命書に水源の涵養を目的とした樹木苗園設立の動きがあったことを記載している（我部、1980）。一行はこのとき滋賀・福井・石川・富山・新潟・群馬・埼玉・山梨・長野の9県を巡察しているが復命書で「水源涵養」に触れているのは山梨県についてだけである。この動きが前々年の中巨摩郡の事業の開始と関連があったとすれば、早くから明治政府中枢が情報を把握していたことになる。

　さて「水源涵養土砂扞止方案」の内容については、f）で指摘するようにスギ、ヒノキ、カラマツを混植することに特徴がある。田上山や西三河などのはげ山緑化の場合は、まず階段工などの山腹工をして土砂の動きを止め、次に草本やヤシャブシなどの肥料木の植栽をして地力を増した後、針葉樹の植栽を実施する場合が多いことから、この山梨県中巨摩郡の事業は、はげ山への緑化ではなく草地あるいは伐採地への植栽である可能性が大きい。

　さらに、「水源涵養土砂扞止方案」という内国勧業博覧会での展示名ではあるが、事業そのものはg）造林法あるいは緑化法の実施であって、

第Ⅳ章　伝統的水源涵養機能論の評価

```
（前　　提）　森林であれば、水源涵養機能が発揮される。
（期　　待）　はげ山を植林すれば、水源涵養機能が発揮される。
（三段論法）　はげ山を植林すれば、森林が復活する。
　　　　　　　森林であれば、水源涵養機能が発揮される。
```

図－3　「水源涵養土砂扞止方案」の中身が、植林事業であるというしくみ

森林のもつ水源涵養土砂扞止機能をさらに高める方法ではない。森林が水源涵養土砂扞止機能をもつことは自明のこととし、この前提に基づいて、森林を復活させられさえすれば水源涵養土砂扞止を実現できるという考え方である（図－3）。事業にはなくても展示の際には森林の水源

表－13　中巨摩郡の事業と天竜地方の金原明善の事業の比較

	中巨摩郡の事業	天竜地方の金原明善の事業
対象地	主に御料地の部分林（はげ山ではない）	官林・御料地への献植（はげ山ではない）
事業開始年	1885～1910	1886～1898
対象地区数	15	3
植栽面積	約342ha	約760ha
植栽樹種	カラマツ　　44万5415本 ヒノキ　　　24万5470本 スギ　　　　3万2104本 サハラ　　　2万3860本 その他　　　1万7174本	スギ　　　248万5674本 ヒノキ　　　43万4575本
表彰	第三回内国勧業博覧会　三等有功賞	宮内庁より金杯一組と金5万円
推進者	有志（氏名・人数ともに不明）	金原明善
事業の開始	数ヶ所から着手	1ヶ所から着手
事業の継続	有志、後に郡役所、後に農会	個人、1904年より財団法人
事業資金	出資元は不明	金原明善
関連事業	確認できず	河川工事、木材流通経路の改革、疎水計画
波及効果	確認できず	美濃をはじめ、影響大
地元での評価	記憶されず	語り継がれている

涵養機能を高めるための提案が付加されていた可能性は否定できないが、審査報告や褒章理由にはそれをうかがわせるような記録はない。以上の特徴を、天竜地方の植林の業績で著名な金原明善の事業（鈴木・田中、2007）と対比させて表－13にまとめた。

3．その後の森林水源涵養機能論

　1890年の第三回内国勧業博覧会に出品された「水源涵養土砂扞止方案」に着目し、対応する事業と考えられる山梨県中巨摩郡で実施された事業について考察を進めたが、次に、より広く水源涵養機能論に関する明治期の動きについて検討したい。主に書籍や雑誌記事を対象に年代を追って検討を進める。

　第三回内国勧業博覧会の7年前の1883年（明治16年）に発刊された広島山林学研究会報告第一号の「緒言」では「此道ヲ講究シ実際ニ施行シ他年我芸備州両州ノ山林到ル処鬱蒼トシテ水源ニ乏シカラス河川舟筏ノ便ヲ得（以下、略）」と記され、はげ山の多い広島の地で山林学を究め、植林を実施し、いつの日にか山林は鬱蒼とし水源豊かになり舟運も可能になり…と、森林水源涵養機能を観念的に表現して森林復興の夢が描かれている。同誌の同号には「山林ニ樹木アレハ何等ノ訳ヲ以テ水源ヲ涵養スルヤ」という記事も掲載されており森林土壌の水分貯留と森林による増雨効果の二つの作用で説明がされている。森林土壌の水分貯留については森林の炭素・窒素のガス交換と蒸散を用いてそのメカニズムが説明され、森林による増雨効果についてはイギリス人ゼームスプロオンの熱収支的なメカニズムの説明が引用され、メカニズムを重視しようという気迫は伝わってくるものの、いずれもデータや数式に基づかない観念的表現の範囲に留まっている。

　第三回内国勧業博覧会の2年前の1888年（明治21年）に発刊された高橋啄也（1888）の「森林杞憂」では、海外における水文素過程の多く

の観測データが紹介されている。森林による増雨作用（フランスのナンシー森林学校長マチューによる観測データおよびフーラーによる観測データ）、林内雨量（ババリアにおける観測、フーラーによる観測データ）、気温（バイエルンにおける観測データ）、湿度（フェラーによる観測データ）、貯留（カルスルーエ府の高等築工官ゲルウィッヒによる観測データ）、蒸発散（ババリアにおける観測データ）など、いずれもヨーロッパにおける森林水文素過程（プロセス研究）の観測データである。

　第三回内国勧業博覧会の翌年の1891年（明治24年）に「治水新策」を著した尾高惇忠を高橋（1971）は民間治水論の一人としているが、尾高は1867年のパリ万国博覧会で活躍した渋沢栄一の従兄弟であり幼少期には渋沢に学問の手ほどきをしたことが伝えられている（渋沢、1995）。尾高は官営富岡製糸工場の初代工場長という経歴も有しており、西欧の事情にも明治政府の勧業策についても見識があったと思われる。尾高の治水新策では森林水源涵養機能は議論されておらず、唯一、以下の観念的表現の伝聞が記されているだけである。

「先輩の説に近世森林を濫伐し兀山多く雨水を含蓄するの間なき為め大小の諸川暴漲多く且山を崩し崖を破り土沙石礫を流下し川底漸次埋り流域浅狭し呑み容るる水量減じ年々漲溢し洪水となるはこれに由る又其流去の土沙海に入り川口狭くなり沿辺には寄洲生じ海中には暗沙出来て舟行を妨げ漁業に障る等不利多し云々と聞リ」

　1893年に大日本山林会報告に掲載された長倉純一郎の論説「水源涵養林ニ関スル林業ノ方法」では、最初のページで「水源ノ乾涸及ヒ洪水ノ氾濫タル其原因蓋シ主トシテ森林ノ荒廃ヨリ来ル結果ナルヘシ」と観念的表現による森林水源涵養論が記され、以下16ページにわたって造林法や森林管理の方法が詳細に記されている。ここで紹介されている方

法は、図-3に示した「森林が水源涵養土砂扞止機能をもつことは自明のこととし、この前提に基づいて、森林を復活させられさえすれば水源涵養土砂扞止を実現できる」というパターンの論理である。

1894年に埼玉県内務部から発行された八戸道雄の講述を収めた「林業講和要領」では急傾斜地の開墾が洪水の原因となることを観念的に表現する一方、森林の増雨効果については両神の山中は浦和の平地よりも雨が多いという経験的伝聞を伝えた後、「欧人ノ試験は尚ホ詳ニ之ヲ証セリ」として標高1～100 m、100～200 m、300～400 m、600～700 m、700～800 m、900～1000 mの有林地と無林地の雨量を具体的数値で示した表を掲げている。なお「欧人」の具体名はあげられていないが、この標高区分は植村（1917）に引用されたウエーベルによる蒸発率の表の標高区分とほぼ一致している。八戸（1894）には、水源涵養に適した樹種なども挙げられているが、観念的表現の範囲に留まっている。

1897年（明治30年）に森林法が制定され、水源涵養林などの保護林が定められた。1900年にはスイスのエメンタール試験地で小流域試験が開始される。後に東京大学愛知演習林の4つの小流域試験地を設定した諸戸北郎（1939）は、エメンタール試験地の量水観測（流域の降雨と河川流量を観測して植生の影響を調べる研究方法）について次のように記している。

「是は二つの場所を選びまして、一方は森林がある処で、一方は森林の少ない所で、此の二箇所に付て流量を計ったのであります。それで場所が違ひますから、地質地形が違ふ。唯森林の差違だけではないのであります。私は此の試験地へ昭和六年に行って見ましたが、此の試験の方法では良いと思ひませぬ」。

諸戸の指摘するとおり、同試験地は後年、植生の違いと土壌の違い

第Ⅳ章　伝統的水源涵養機能論の評価

のどちらがより流出に効いているのかを判断できず苦しむこととなる（McCulloch & Robinson, 1993）。なお、小流域試験に伴うこの問題を解決したとされ後年世界中で採用される対照流域法という小流域試験手法があるが、その問題点については田中（2012）を参照されたい。

　1902年に山梨県北巨摩郡農会から発行された「明治参拾五年九月林学士塩澤健君林業講和筆記」では、ドイツおよびフランスの森林回復事例が説明され、さらにフランスにおける「荒蕪地のとき熱病に罹っていた住民が、造林後は健康に」という、データに基づかない経験談が紹介されている。また森林の機能について、「土砂杆止、飛砂防止、水害防備、風害防備、潮害防備、頽雪（たいせつ）防止、墜石防止、水源涵養，魚附、衛生、風致其の他気候調和等公共に関する公益」が観念的に挙げられている。

　1914年（大正3年）の林業試験場報告第十二号に掲載された「有林地ト無林地トニ於ケル水源涵養比較試験」（木村・山田、1914）は林業試験場から出された最初の水文関係の報告書である。その緒言には次のように記されている。

「水源涵養、並ニ治水問題ハ当面ノ案件トナリ世人往時ヲ懐ヒ皆森林ノ水源涵養能ヲ嘆賞シ治山ノ要ヲ説クト雖未ダ其能力ノ由テ来ル根源ノ理ヲ詳ニセス只是一意水厄ノ回避ヲ希フノ余リ急ニ水源涵養ヲ目的トスル保安林ヲ濫設シタル形跡ナキニ非ス斯ノ如キハ実ニ国家百年ノ大計ヲ誤ルモノニシテ」

　遠藤（2002）による現代語訳を引用すると「世間の人々は森林の水源涵養機能を高く評価し、治山の必要性を主張しているが、その機能の根源の理は明らかにならないままになっている。水厄の回避を過度に期待して水源涵養保安林を乱設してきた形跡があるが、このままでは国家百

年の大計を誤ることになる…」

　官立の林業試験場の最初の水文関係の報告書の緒言に、「水源涵養機能の根拠を学術的に証明できていないが水源涵養保安林は乱設されてきた」という警鐘が発せられている重要性は看過すべきではないであろう。また報告書の最後の節「森林ノ水源涵養能力」では以下のように記されている。

「…森林地ト言ヒ草生地ト称シ将又裸地ト称スルモ結局地上ニ生スル植物ノ差異並ニ之ニ附帯起生スル土地ノ内容的及立体的性質ノ変化ニ過キス従テ森林地ニ於ケル降水量対流水量関係ヲ確メ其水源涵養能力ノ意義ヲ決定批判セント欲セバ先ツ森林ニ付キ其土地植物ノ両因子カ如何ナル状態ニ存在スルヤ及植物ノ差異ニ伴フ土地ノ変化ハ如何ナルモノナリヤヲ明ニスルヲ要ス」。

　流出には植物と土地という二つの因子が作用し、土地の因子の中には植物の影響を受けるものもある。森林の水源涵養機能を明らかにしようとすればこれらがどういう状態にあるかを明らかにしなくてはいけないという指摘は、降雨と流量のデータだけで水源涵養機能を論じる難しさを伝えている。

　1917年に農商務省山林局から山林公報臨時増刊第二号として発刊された植村恒三郎の「森林ト治水」は多くの研究結果を網羅しているだけでなく、ヨーロッパの研究例を日本のデータと対比しながら論を進めており、明治期における森林水文研究の集大成というべきものであろう。構成は第一編が「森林ト国土保安トノ関係」でありその第一章「独断的時代解説」では欧州における森林政策や森林水文学研究の歴史が概観されており、第二章「科学的解説」では森林水文素過程（プロセス研究）

第Ⅳ章　伝統的水源涵養機能論の評価

の観測データが、詳細に紹介されている。第二編ではヨーロッパの「各国保安林及治水制度」が詳細に記述されている。第一編第二章「科学的解説」の内容をみてみると、まず「第一節　森林ト気温及地温トノ関係」ではローライ林学全書1913年版のプロシア・バイエル・ウエルテンベルク・スイス・フランスの5カ国29ヶ所のデータに日本国内6ヶ所のデータを加えた結果を示している。「第二節　森林ト空気中ノ湿度トノ関係」ではエーベルマイヤー、シューベルト、ウエーベル、ハンブルクによる実験結果を示し、さらにローライ林学全書1913年版のプロシア・スイスの19ヶ所のデータと日本国内3ヶ所のデータを示している。「第三節　森林ト雨水トノ関係」ではハムベルクによる1880〜1894年の15年間の観測結果を示し、森林の影響は甚だ微弱であるとしている。そして植村は、

「古来専ラ森林ト気象トノ関係ヲ論シタルノ傾向アリ然レトモ森林ト気象トノ関係ハ既ニ説術セル如ク其解決尚五里霧中ニ在リテ寧ロ森林効果ノ微弱ナルヲ唱フル」

と述懐し、森林の気象への影響は微弱であるという認識を吐露している。「第四節　森林ト水トノ関係」の「第一款　森林カ降水量ヲ増加シ且之ヲ蓄積スル作用」ではエーベルマイヤー、ウエーベル、ハムベルクらによる森林内外の地面蒸発の比較データに、日本の林業試験場や森林測候所のデータを加えて説明している。第四節の「第二款　森林カ雨水ヲ阻止、消費スル作用」では、ホッペ、エーベルマイヤー、ビューラー、ナイらによる林冠による降雨の遮断率のデータに、日本の林業試験場や森林測候所を加えて説明している。第四節「第三款　森林ノ水分涵養及消費作用ノ相殺的効果」ではエーベルマイヤー、ウオルニイ、ナイ、ラマン、さらにロシアのブリスニン、シユワルツエルデ、アレキサンダー、イス

マルスキーらによる森林地中に実在する水分の測定データを紹介している。第四節「第四款　森林カ地下水並涌泉ニ及ホス影響」では植村は、

「此問題ハ今日尚観未解決ノ問題ニシテ今後尚幾多ノ研究実験ヲ要ス」、「遽カニ論断すること能はず」

と慎重な態度を示した後、平地における森林の水源涵養を否定したロシアのヲトツキーの実験や、地下水が側方から補充されない場合は森林は地下水を低下させること認めたエーベルマイヤーとフランス土木局との1901～1903年の森林地及び林外地における地下水の変化の観測結果を紹介している。さらに、「松林は水源涵養上有効で、濶葉樹林は利害相中し、唐檜林は水源涵養上有害」とするナイの研究結果や、「山岳林においては地勢の傾斜、方位、土壌または基岩の厚さ、降雨の四季分配、集水域の大小などが水の流出に関係する」というエーベルマイヤーとハルトマンの指摘、「流出は地質土壌の性質、土壌の深さ・傾斜角に支配され、地被物の作用を認識することは難しい」とするバーデン国気象台及理水中央局の実験結果などを紹介している。このように森林の水源涵養機能に否定的な水文素過程の研究成果を挙げている一方で、「林相良好なる喬木のある地方では旱魃で水不足を生じることは無く、林相不良の地方では旱魃の被害大きい」とするインツエの山間用水供給実態調査に基づいた研究や、「鬱蒼とした山腹からの流出は乾燥期においても豊富であるが無立木地では流出量は少ない」とするローテンバッハの研究など、観念的な森林の水源涵養機能と整合する指摘も紹介している。さらに、林業試験場（笠間、太田、足尾）の林種別の降水量と流水量の観測値を四季毎に示した表を掲げ、「森林地ハ四季ヲ通シテ無立木ヨリ多大ノ流出量ヲ与フ」（森林地は四季を通じて無立木地より多大の流出量を与える）とコメントしている。第四節「第五款　森林ト洪水トノ関係」

では「其能力ノ限度ハ…（中略）…一般ニ差程著シキモノニアラザルヲ以テ激甚ナル洪水に在リテハ殆ント効果ヲ発揮スルコト能ハサルヘシ」（森林が洪水を防ぐ能力はそれほど著しいものではないので、激甚な洪水に対しては森林の効果はほとんどない）と否定的な見解を観念的表現で述べ、ヨーロッパの多くの研究結果を引用している。「第五節　森林ノ土砂扞止作用」では、森林の機能ではなく存在そのものが土砂扞止作用をもつと説明しているが、その効果は、隣地間の問題にとどまり、他の作用（気候との関係や水源涵養）のようには広い範囲に利益を及ぼさないと記している。以上のように植村（1917）は、多くの素過程の観測結果が森林水源涵養機能を必ずしも肯定していない点に戸惑いを表明しつつ、日本の林業試験場3試験地の降水量と流水量の観測結果（木村・山田、1914）が森林水源涵養機能を肯定していることを受け入れている内容となっている。

　1923年林業試験場報告第二十三号に掲載された玉手三棄寿（1923）の報告は林業試験場から出された二番目の最初の水文関係の報告書である。その冒頭部に以下の記述があるが、最初の報告の木村・山田（1914）よりもさらに踏み込んで、水源涵養機能の学術的な解明の難しさを訴える内容となっている。

…森林ノ水源涵養作用ニ関スル問題ニツイテハ、従来実証セラレタル事実無キニアラザルモ、元来水源涵養ナル事実ハ複雑多岐ナル関係ヲ有シ、水源地ヨリ流出スル水量ハ、降水ソノ他ノ気候ノ外、地質地形等ニ関スルコト多ク、シカモ以上ノ諸因子ノ影響ハ、ハルカニ森林ノ影響ヨリモ大ナルヲ以テ、コレラノ諸因子ノ作用ヲ除去シ、単純ニ森林トノ関係ノミヲ求メントスルコトハ頗ル困難ナルコトニ属シ、試験ノ方法モマタ最モ細密ナルトトモニ相当永年月ヲ要スベク短期間ノ簡単ナル試験ニヨリテコレヲ解決シ得ベキニアラザルナリ。

一方、本多静六ら（1935年、昭和10年）は「森林治水事業促進座談会」を開催し山林誌に掲載しているが、座談会とはいっても出席者が一人ずつ体験や考えを発表するだけで、質疑応答や討論はない。そこでは内外の様々な観測値などが学術的に検討されるわけではなく、観念的表現で体験やその伝聞などが披露され、森林治水事業を求める政治的なイベントとしての色彩が濃い。

　以上、明治期の森林水源涵養機能論の展開を主に出版物での記述内容から検討してきたが、観念的表現による認識や伝聞が発信される一方、森林水文の素過程（プロセス研究）のヨーロッパにおける観測データが、後には日本での観測結果も加えて伝えられていた。しかしこれらの観測データから森林水源涵養機能をなかなか説明できず、植村（1917）や玉手（1923）らは戸惑いを隠してはいない。降雨から流出に至るプロセスを、降雨、林内雨、林内微気象、蒸発、土壌水分、地下水位・・・という素過程ごとに観測していく手法は、様々な要因が作用する複雑な現象を分解し着目する要因だけを取り出して計量し計算し説明するという近代科学の正攻法であった。それらをメカニズムに基づいて組み立てれば森林水源涵養機能が説明できるはずであった。1897年には森林法が制定され森林水源涵養機能がオーソライズされるという状況のなか、1900年にスイスで小流域試験が開始され、日本も小流域試験の開始を急いだのである。

4．伝統的水源涵養機能論はどう評価されたのか？

　1890年の第三回内国勧業博覧会では「水源涵養、土沙扞止、風潮除ケ魚附ケ林等ニ係ル方案」という出品部類があったが、1895年の第四回内国勧業博覧会では「有害鳥類虫類ノ駆除及森林保護、植伐、水源涵養、土沙扞止、風潮除ケ、魚附ケ林等ニ係ル方案、図式、雛形、成績」という長い名称となったため「水源涵養」という文言の存在感は低下し実際

第Ⅳ章　伝統的水源涵養機能論の評価

「水源涵養」を名乗る出品もなく、1903年の第五回では「水源涵養土砂扞止方案」という出品部類は設定されなかった。松波（1919）によれば1907年に東京勧業博覧会、1914年に東京大正博覧会が開催されており林業関係の出品部類が設定されているが、いずれも「水源涵養土砂扞止方案」あるいはこれに相当するような出品部類はない。しかし造林や植林についての出品が該当する出品部類はそれぞれ設定されていたので、前述の山梨県中巨摩郡の事業のような出品が排除されていたというわけではないが、第三回内国勧業博覧会との重要な違いは主催者側がそのような出品部類の必要性を感じなくなったという点であろう。

そしてこの間に1897年森林法が制定されている。「日本帝国に山林保護の方法はあるのかないのか？　もしあるのなら如何なる性質なるものか？（原文：日本帝国ニ山林保護ノ方法アルヤ否ヤ若シ之アルモ其法ハ如何ナル性質ナルヤ）」という明治十年内国勧業博覧会報告書のワグネルによる問いかけに対して、「日本には森林法があり、水源涵養土砂扞止など方策が制度化されている」という事実はまさに完全解答を得たことになる。制度として法令として「水源涵養土砂扞止」の方法を導入できたので、博覧会という場でその方策をアピールする必要はもはやなくなったという認識が明治政府や博覧会主催者にあったのではないだろうか？

1884年のエジンバラの万国森林博覧会で活躍し、第三、四回の内国勧業博覧会で審査員を務めた高島得三は、その後、林制取調委員、森林監査官、山林局林制課長を歴任し森林法の制定にも関わった。森林法制定後、職を辞し画家としての道を歩んでいる。その背景として、氏の芸術への情熱、入会問題で矢面に立ったこと、山林局内で増加するドイツ留学経験者との軋轢などが指摘されている。萩野（1997）は、山林局の森林法制定作業において、その明治18年案を最後として、理水・砂防工学、天然林施業に重点をおいたフランス林学色から林業経営中心の

ドイツ林学色への転換があったことを指摘している。前述したように1903年の第五回内国勧業博覧会ではその出品部類に「水源涵養」の文言はない。

　しかし、方法があるかという問いに対して制度化・法令化できたという回答は、もちろん科学的な説明方法を得たということとは異なるし、その機能を高める方法を得たということとも異なる。森林の水源涵養機能の議論について、政策的・制度的なゴールと科学的・技術的なゴールを別種のものだと捉えれば、1897年の森林法は前者のゴールの達成であり、後者のゴールは前節で検討したように未達成のまま残されたのである。この二つにもう一つ、日本の伝統的な水源涵養機能の思想・文化の存在も加え、水源涵養機能をめぐる議論を3種に分けて整理すると、次のようになる。括弧内にはそれぞれのゴールを記した。

・思想・文化としての水源涵養機能論
　　　　　　　　　　　　　（ゴール：思想・文化としての確立）
・政策・制度としての水源涵養機能論
　　　　　　　　　　　　　（ゴール：政策・制度としての確立）
・科学・技術としての水源涵養機能論
　　　　　　　　　　　　　（ゴール：科学・技術としての確立）

　近世の日本は、思想・文化としての水源涵養機能論を有していた。伝統的な思想として人々に定着しており、思想・文化として確立していたと考えられる。そして1897年の森林法により政策・制度としての確立も達成されたのである。

　筆者は第三回内国勧業博覧会に山梨県中巨摩郡から出品された「水源涵養土砂扞止方案」の事業そのものは造林法あるいは緑化法の実施であって森林のもつ水源涵養土砂扞止機能をさらに高める方法ではないこ

第Ⅳ章　伝統的水源涵養機能論の評価

とを指摘したが、森林のもつ水源涵養土砂扞止機能をさらに高める方法があろうがなかろうが、科学・技術としての水源涵養機能論が未完成であっても、思想・文化としての水源涵養機能論も政策・制度としての水源涵養機能論も少しも揺るがないのであろう。

　では、舶来ではなく伝統的に有してきた水源涵養機能論を日本は内外にアピールできたのか検討を進めたい。江戸時代の日本は山林の開発が進む一方で、留山などのきめ細かな制度が厳密に運用されており、政策・制度としての水源涵養機能論はゴールレベルに達していたといえるであろう。明治維新とともにこれらの制度は立ち消え、山林は混乱し荒廃が進むことになった。しかし、制度は消えても、それは思想・文化としての水源涵養機能論と化して記憶や風習には残った。それは、ここまで度々用いてきた「伝統的水源涵養機能論」という漠然とした用語の中身であったと整理できる。しかし「伝統的水源涵養機能論」をアピールすることは思想・文化としての水源涵養機能論のアピールであり、政策・制度としての水源涵養機能論のアピールや科学・技術としての水源涵養機能論のアピールとはならない。国威高揚をめざす日本政府としては後者二つのアピールが必要であったのである。博覧会という場は後者二つのアピールの場としてふさわしいものであった。

　ここでもう一度、第三回内国勧業博覧会に出品された「水源涵養土砂扞止方案」の山梨県中巨摩郡の事業を検証したい。前述したように植林事業をいきなり数ヶ所で着手していることについて成功例も失敗例も含めた様々なデータが欲しいという学術的な目的があったからではないかと本書では推論したが、そうだとすれば科学・技術としての水源涵養機能論のアピールをめざしていたことになる。では、政策・制度としての水源涵養機能論についてアピールできたのかといえば、有志による私立の勧業試験所の事業・出品であり、政策・制度としてのアピールとはなりえないという大きな欠陥を抱えていたことになる。勧業博覧会への出

品の直後、全財産・全事業とも郡役場に移管され、郡は常設林業委員を置き植林規程を設定して、制度化を進めたのは、遅すぎた符合する動きだったのであろうか？ この対応で当該事業の出資者は不明であるが、出資者の期待に応ええたのだろうか？

さて、1897年の森林法により水源涵養土砂扞止などの保護林が規定され、政策・制度としての水源涵養機能論のアピールが達せられたとすれば、残るは科学・技術としての水源涵養機能論のアピールであるが、前節で概観したように個別の水文素過程の研究結果は多く紹介されているのに対し、これらを積み上げて総合的に水源涵養機能を説明することは容易ではなかった。本多静六ら（1935）の「森林治水事業促進座談会」が科学・技術としての水源涵養機能論をアピールせず、政策・制度としての水源涵養機能論のアピールに徹していることは、これらが同じ土俵上では扱いえないという本多静六の達観と評価すべきであろう。

第Ⅴ章

森林水源涵養機能論が迷走する理由

1．森林水源涵養機能論を巡る状況
1．1．森林水源涵養機能論の三軸構造

　1883年（明治16年）の大日本山林会報告に掲載された「樹木ヲ伐ツテ水源ヲ涸ラスノ説ハ舶来ニアラズ」というタイトルの論説は、水源涵養機能が舶来の論理であると思われかねない状況が当時あったことを色濃く示唆するものであった。明治初期の伝統軽視の時代、森林水源涵養機能論はどのようにして生き残り得たのか？　あるいは生き残れず代替の舶来品に置き換わったのか？

　前章では、近代から現代における森林水源涵養機能論の系譜を、「思想・文化としての水源涵養機能論」、「政策・制度としての水源涵養機能論」、「科学・技術としての水源涵養機能論」という3軸の構造を用いて分析した（表－14）。わが国にはもともと森林を水源として捉える思想（それは江戸時代の制度の名残でもあった）があり、近世・近代の日本は「思想・文化としての水源涵養機能論」を有していた。「政策・制度としての水源涵養機能論」は1897年の森林法制定でオーソライズされた。森林法の制定は、博覧会担当のお雇い外国人ワグネルから突きつけられた「日本帝国に山林保護の方法はあるのかないのか？　もしあるのなら如何なる性質なるものか？」というによる問いかけに対する完全解答であり、この「政策・制度としての水源涵養機能論」のアピールは国威高揚をめざす日本政府として必要なものであった。残るは「科学・技

術としての水源涵養機能論」のアピールであるが、その実現は容易ではなく、未達成のまま残されたと総括した。現代においても森林水源涵養機能については様々な議論があり、迷走は100年以上続いていることを否定できない。議論の出口への方向性を示していくことが森林水文学の研究に携るものにとっての責務であろう。本章では、近代における「科学・技術としての水源涵養機能論」のゴールとはどういうものであったのかという分析から筆をおこし、迷走の理由を明らかにしたい。

1.2. 社会先行、後追いの科学

　森林があれば洪水も渇水も緩和されるとする森林水源涵養機能論は、1897年の森林法の保安林規定としてオーソライズされ、国の政策・制度に反映され政策・制度の前提とされ、愛林運動の根拠とされた。教科書にも掲載され、深く社会に定着してきた。例えば、森林法成立の4年後の、1901年の高等国語讀本女子用教科書の「山林の恵」の項には「若し山に樹木なき時は、河の水源、常に涸れ、一旦大雨あらば、忽ち洪水となりて、田を流し家を破るに至らん」と記され、国語という科目ではあるが、学校教育において森林水源涵養機能が教えられていた。ただし、その記述方法に着目すると、森林の有無という明解だが極端な比較が使われている。

　また、1901年の小學農業教科書の「山林の効用（上）」の項では「山林に降りたる雨は、（中略）、其の水の一時に流れ出でて、洪水となること少なく、徐ろに、湧き出でて、泉となり、小川となりて、里々をうるほす故に、旱魃の患を少からしむ。」と、その「山林の効用（下）」では「一時の利を求めん為めに、濫りに伐りて、永年の害を招く可らず。明治の初め、此れ等の点に注意せずして、山林を濫伐する者多かりしかば、洪水、旱魃打ち続きて周囲の地方は、これが為めに、非常の害を蒙りし事あり。」と洪水と旱魃の両方に対する効果が指摘されている。このよう

第Ⅴ章　森林水源涵養機能論が迷走する理由

表－14　日本における水源涵養機能論

思想・文化としての水源涵養機能論…	江戸時代の各藩の制度が明治維新とともに消滅したが、一部は文化・風習として定着。
政策・制度としての水源涵養機能論…	1897年（明治30年）の森林法に「水源涵養、土砂扞止などの保安林」が規定される。
科学・技術としての水源涵養機能論…	後世に未達成のまま残された。科学的な説明が急がれることとなった。

に学校の教科書に記載されれば、人々に疑問のない事実として浸透していく。2代3代と経てば、両親も祖父母も知っている常識となってしまい、こうして森林水源涵養機能への期待は揺るぎのない確固としたものとして、社会に広く浸透したのであった。

　しかし、水源涵養機能論を表－14に示す3つの軸で捉えると、「思想・文化としての水源涵養機能論」と「政策・制度としての水源涵養機能論」が先行し、「科学・技術としての水源涵養機能論」は未達成のまま残された。官立の林業試験場から発表された森林水文の最初の研究報告（木村・山田、1914）の緒言には、水源涵養機能の根拠は学術的に証明されていないが水源涵養保安林は乱設されてきたという警鐘が記されている。この報告書は1897年の森林法の制定から17年後の記述であり、すなわち森林法制定当時においては森林水源涵養機能は科学的には未解明の段階にとどまっていたのである。その後、平田徳太郎と山本徳三郎の水源涵養機能論争（遠藤（2002）によれば1925〜1942年）が生じる。

　このように森林法はその根拠の学術的な解明を待たずに制定された。待てなかった理由には、深刻化する荒廃や災害への対応という動機ももちろん大きかったが、森林法を有する先進国であるという対外的アピール、欧州諸国の例に倣った私権の制限や私有財産への干渉という私有地に対する政治的な思惑などが挙げられる。フランスなどの西欧諸国でも英領インドなどの植民地においても、同様に森林水源涵養機能の展開は、政治的な対立や政治的な思惑とは無縁ではなかった。そしてこのように森林水源涵養機能論が政治的な論争に至ることにより、「思想・文化」

や「政策・制度」によるオーソライズではなく、科学・技術としての実証が求められることとなる。

例えば、19世紀前半のフランスにおける森林水源涵養機能論信奉派と懐疑派の森林水源涵養機能論をめぐる対立は、フランス革命後の大規模な森林伐採の是非をめぐるものであったが、信奉派が観念的な水源涵養機能論を展開するのに対して懐疑派は実測データを用いて科学的・技術的な根拠を示すという対応で応えた（Andréassian, 2000）。

例えば、19世紀後半の英領インドでの論争は、インド内の藩王国への権限拡大や土木事業局との軋轢さらには世界各地の植民地に対する指導力の維持などという英領インド森林局の思惑が絡むものであったが、1875年の第2回インド森林会議では、森林の機能に関する直接的な因果関係の欠落が森林局以外の行政当局から指摘され、どのように、どの程度の機能があるのかについて今後の調査が必要という認識が示され（伊藤、2008）、科学・技術的な根拠の提示が求められたのであった。

「科学・技術としての水源涵養機能論」のモチベーションとしては、こういう政治的な論争に絡む対立や政治的な思惑からの解明のリクエストだけでなく、本章の3節に述べるように、西欧における17世紀の科学革命や18世紀の啓蒙主義に刺激された純粋な知的好奇心もあったのである。

2．三軸構造の科学技術社会論的意味
2．1．科学コミュニケーションからみた現状

ここまでみてきたような科学技術に関する研究者と社会との認識の乖離について、科学コミュニケーション論の分野での研究が注目されている（例えば、日本学術会議、2009）。前節では森林水源涵養機能に対する社会の期待と研究者の認識との乖離を「思想・文化」、「政策・制度」、「科学・技術」の三軸構造として捉えたが、科学コミュニケーション論の知

見を踏まえた考察を進めたい。

　従来の科学コミュニケーション論は、科学と市民を対極において構築されてきた。科学コミュニケーション論においては、専門家の知識の公衆への理解増進をを主軸においてモデル化する「欠如モデル」（藤垣・廣野、2008）がまず議論されたが、その後、公衆の有するローカル・ノレッジの存在を考慮した「文脈モデル」を用いた議論へと発展してきた。両モデルとも科学は社会よりも先行しておりその優位性は揺るがない。市民のロカール・ノレッジを尊重するかどうかについては公共受容モデルと双方向モデルで扱いは異なるが、科学についてはいずれのモデルでも洗練された明解な原理を有するという近代科学のイメージの系譜をひくものであった。「作動中の科学」や「科学に問うことができても科学に答えられない問い」などの概念は、科学の市民に対する優位性を揺るがすものではなく、科学は主体的に発展してきたとされている。

　しかし、前述したように制度化の後追いの立場にあった森林水源涵養機能論については、研究の社会に対する優位性を前提とした既存のモデルでは表現できない。「科学技術としての水源涵養機能論」に対して「思想・文化としての水源涵養機能論」および「政策・制度としての水源涵養機能論」のほうが優位にあったのである。神話・迷信なども含め、既に人々に知識や認識があり、生活の場・仕事の場で既に利用され、多くの人々が関与し、利害とも関連し、学問的な解明を待たずに政策や慣習が先行していたのである。

　藤垣（2002）は「現場科学の視点からすれば、科学者の知識産出も1つのローカル・ノレッジである」ことを指摘している。しかし、ローカル・ノレッジが"現場条件に「状況依存した」知識であり、現地で経験してきた実感と整合性をもって主張される現場の感"（藤垣、2002）であるならば、「政策・制度としての水源涵養機能論」は1897年（明治30年）制定の森林法を根拠とする国策としての巨大システムとして機能し、明

治期から児童の教科書にも記載され、国民一般にも浸透しており、ローカルという語感はなじまない。むしろ、「社会的に確立されたノレッジ（以降、エスタブリッシュなノレッジ）」ともいうべき優位性を有し、強固さを具えて、専門家に森林水源涵養機能の根拠の提示を迫ったのであった。学術は「社会の後追い」に甘んじて、「エスタブリッシュなノレッジ」に翻弄され、Yes／Noの二択での回答を迫られ、「精緻化」された研究成果の提示を求められ続けたのであった．

このような学術と社会の関係は、従来の公共受容モデルや双方向モデルなどの科学技術社会論の既存のモデルでは表現できず、図－4に示すような、科学の優位性・主体性を前提としない新たなモデル（仮称「後追いモデル」）の導入が必要である。森林法を背景とした諸制度と教科書への記述などによる国民への定着を「エスタブリッシュなノレッジ」として表し、科学に対して検証を求めている構図である。なお、図示するように科学の部分を「近代科学」としたが、その理由は、後述するようにこれまでの森林水文学の研究が近代科学に基づいて実施され、近代科学への期待が乖離を招いたという分析による。またこの新しいモデルでは「エスタブリッシュなノレッジ」と「近代科学」の二つを対比させて並べた。前章では森林水源涵養機能論を、「思想・文化」、「政策・制度」、「科学・技術」の3軸で捉えたが、神話・迷信なども含め、既に人々に知識や認識があり、生活の場・仕事の場で既に利用され、多くの人々が関与し、利害とも関連し、学問的な解明を待たずに政策や慣習が先行していたのであり、3軸のうち「科学・技術」だけが遅れていたのであった。そのため特に3軸構造のモデルとはせず、科学における証明が期待される社会問題化した構図のみをこのモデルでは表現した。

さらに、森林水源涵養機能論の場合は、「科学者.VS.市民」という構図にはなっていない。「科学・技術」、「政策・制度」、「思想・文化」、という3つの立場が対立するわけではなく、使い分けられているのである。

第Ⅴ章　森林水源涵養機能論が迷走する理由

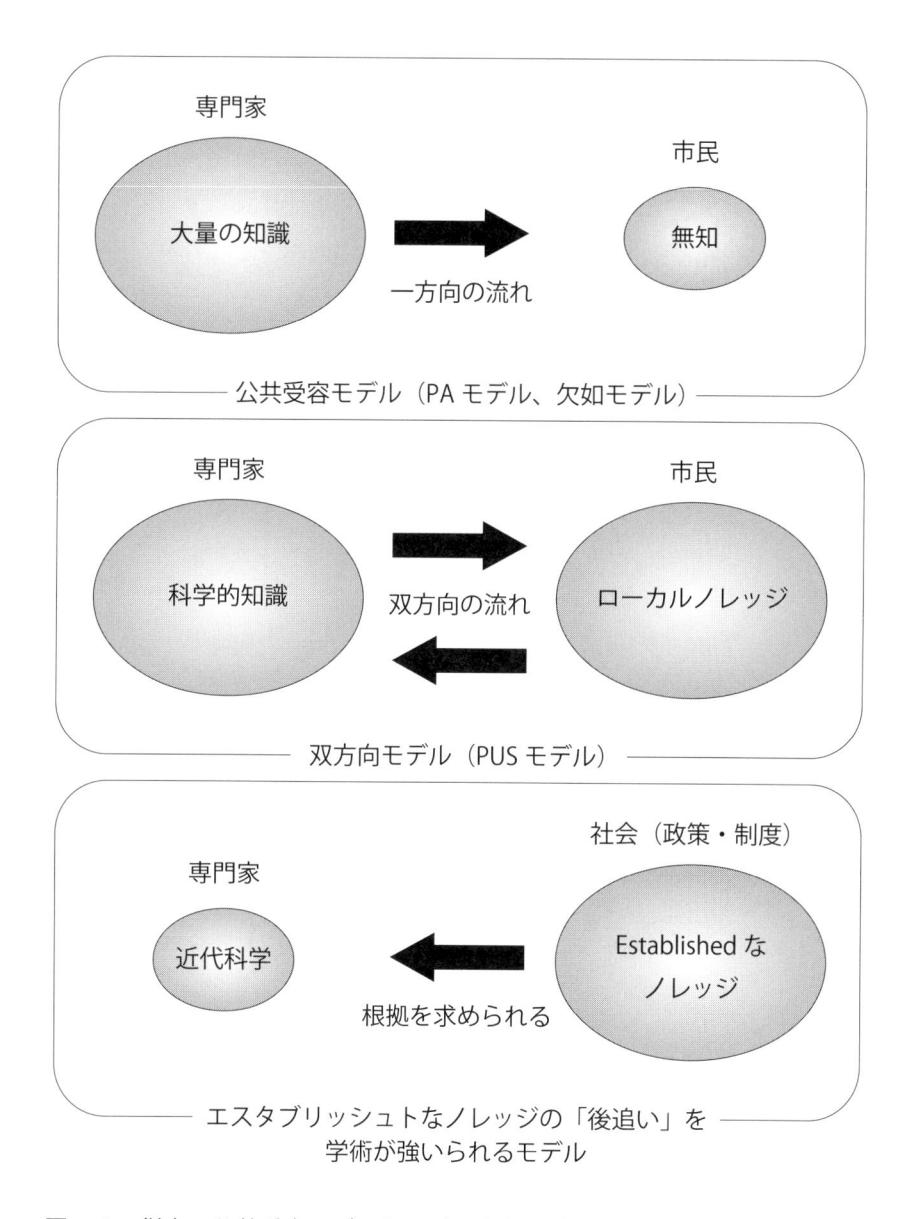

図－4　従来の公共受容モデルおよび双方向モデル（原図は藤垣、2003）と、「森林水源涵養機能論」の最近100年間の状況を表す「後追いモデル」森林水源涵養機能は社会的に確立されたノレッジ（エスタブリッシュトなノレッジ）として、専門家に根拠を求める。

すなわち、科学は理想化、精緻化された条件のもとで理論的に見解を主張し、制度・政策は現実および総合的な判断（私有地への行政権限の確保、地域振興などを含む）を提示し、伝統・文化は、時空間的に限定された範囲に対象を絞るという使い分けである。地域住民のサラリーマン化など、水利権や水争いに関心をもたない層が増えた現代社会においては、3つの立場は対立よりも使い分けの進行が社会においても科学者個人においても生じている。

　森林水源涵養機能論の科学・技術的な検証は、政策・制度の根拠の提示という必要性から科学者に要求されたものであったという観点から本節では検討を進めた。それだけではなく、科学革命や啓蒙主義などに象徴される近代科学に刺激された純粋な知的好奇心もモチベーションとして挙げねばならないことを、次節で触れたい。

2.2. 単純理想状態を追う近代科学的手法

　本節では、森林水源涵養機能論の科学的な検証がどのような手法で試みられ、どのような証拠を示そうとしてきたのかをみていきたい。まず、近代科学的手法の特徴を列挙したい。

①「単純な原理」への期待
②「わかりやすく単純化した説明」
③現象を人間社会の想定に合わせれば、十分に実用的なノレッジ
④プロセスに分解し説明する
⑤ノレッジは「最大公約数的な記述」で組み立てられた。

　現象を分解し（④）、「単純な原理」を見出し（①）、最大公約数的なプロセスで現象を近似し（⑤）、社会にわかりやすく単純化して説明し（②）、現象を人間社会の想定に合わせる（③）、という手法である。こ

表−15　社会が科学に Yes / No を迫る例

・森林に水源涵養機能はありますか？　（Yes / No）
・森林はコンクリート製の貯水ダムの代替となりますか？　（Yes / No）

れらのうち①〜③は、近代科学に内在する問題を孕むが、特に野外科学においては深刻な問題である。一方、④と⑤は、野外科学に近代科学を適用する際に問題が生じてくる。

　これらの近代科学の特徴は、社会の近代科学に対するステレオタイプを形成し、社会は科学に対して森林水源涵養機能の科学的な根拠を求めることとなった。検証方法についても近代科学のステレオタイプを押し付けられることとなったのである。

　現代社会においては、透明化、説明責任という観点から、わかりやすい説明が求められる（表−15）。研究成果を一般社会に向けて情報発信する際、あるいは小中高大などの学校教科書の記述では、「わかりやすく単純化した説明」や「単純理想状態を想定した例」や「最大公約数的な記述」などが、要領を得たわかりやすい説明として受け入れられる。例えば、前述したように、1901 年の高等国語讀本女子用教科書の「山林の恵」の項には、「若し山に樹木なき時は、河の水源、常に涸れ、一旦大雨あらば、忽ち洪水となりて、田を流し家を破るに至らん」と、森林の有無という二者択一の、明解だが現実的には極端な比較を用いた説明が掲載されていた。

　森林水源涵養機能論の制度が先行し科学が後追いという状況下では、森林水源涵養機能論を検証できたかどうかという単純明瞭な二択的な回答を迫られ、試験地の特殊な条件などを考慮する余裕はなかった。野口（1992）は、以下のように総括する。「科学的な試験に対して、ある疑問を解き、ある法則的な答えを出してくれるに違いないという期待を抱くのはもっともである。しかし科学への期待が大きいあまり、数学や論理

学の場合とは違って経験科学で得られる法則には、必ず例外があるという基本的なことに無知で、どこにでも当てはまる一般的法則が得られなければ、その試験も得られた森林影響指標も、評価に値しないと考える人もあったようである。そういう点に先人研究者達の苦労があったように思われる。」

　現代社会においても流域に面的に広がる森林の水源涵養機能を谷筋のコンクリートダムの機能と単純に比較する緑のダム論がもてはやされたり、「費用 対 効果（cost - benefit）」が指標とされるなど、直感的な理解や単純明快な議論が求められている。こういう比較が乱暴だという声はかき消され、科学は自らの土俵での取り組みをできないまま押し切られ、森林水源涵養機能の国民目線での評価に応えられるだけの科学情報の発信・提供が研究者に求められる状況になっている。

3．森林水源涵養機能の科学的な解明に向けて
3．1．近代科学に内在する問題
（1）「単純な原理」への期待

　近代科学においては、複雑にみえる自然現象の変動が簡単な数式やアルゴリズムを用いて説明されてきた。人々はそこに自然の神秘や美を見出してきたのであろう。しかし、単純理想状態での基礎式を見出すことが研究のゴールであるならば、野外科学の場合には問題解決に直結しないことにもなる。

　この起源はヨーロッパ17世紀の科学革命に遡れる。ケプラーやニュートンはどうだったのか？　そう彼らもまた、簡単な理想的な原理を捜し続け、素晴らしい成果を挙げた。しかしケプラーは太陽系を正多面体で説明することにこだわり、ニュートンは聖書の年号の説明や錬金術にこだわった。彼らの業績には、後世に残る素晴らしい成果もあれば、とんでもない主張もあった。同時代の人はさぞ困惑したと思われる。ケプ

ラーやニュートンは偉大だが、彼らの玉石混淆の業績から玉だけを拾い出して彼らを称えた人々こそ偉大だったのではないかとさえいえる。なぜならケプラーやニュートンは、自らの研究の玉と石の判別はできていなかったからである。「単純な原理 ＋ 誤差 ＝ 実態」という期待は、「単純な原理 ＝ 実態 － 誤差」とみなされ、実態に構わず「単純な原理」の存在を一人歩きさせることにつながった。そしてその「単純な原理」が太陽系の正多面体による説明とか錬金術とかのようなとんでもない原理であっても、「誤差」の評価次第で実態（実証データ）と整合させることだってできてしまったのである。近代の西洋科学は直感的な着眼や哲学的な思考に導かれている部分もあるのだが、表面的には実証データに基づいた客観的な解析で論理が組み立てられていくという装いを崩さないまま説明されてきた。

（2）「わかりやすく単純化した説明」

「単純理想状態を想定した例」は同時に「わかりやすく単純化した説明」であり、それは市民に伝えられ、「単純理想状態を想定した例」こそが普遍的な科学的知見であるという認識を市民に与えた。この起源はヨーロッパ18世紀の啓蒙主義（カーニイ、中山・高柳訳、1983；ロッシ、前田訳、1970）に遡れる。

17世紀の科学革命は1657設立のフィレンツェの実験アカデミーや1660年設立のロンドンの王立協会、1666年設立のパリの王立科学アカデミーなどによって担われたが、18世紀の啓蒙主義の時代になるとアカデミーの数は倍増し、多種多様な団体、協会、サロン、コーヒーハウスや「非国教徒」のためのアカデミーなどが活動した（バーク、井山・城戸訳、2004）。子供を含む一般市民を対象とした科学実験のデモンストレーションが流行し、講演会・公開実験室・珍品収集庫の観覧などが人気をよんだが、単純な原理をわかりやすく説明するため、単純理想状

態を想定した実験装置は、手品・奇術・イリュージョンと紙一重となったとスタフォード（高山訳、1997）は指摘している。

（3）現象を人間社会にあわせるという用途に特化したノレッジ

　西洋における近代科学は、「単純な原理 ＋ 誤差 ＝ 実態」という期待を抱いて研究が推進された。実験誤差を最小にするよう工夫された装置を用い、繰り返し実験を行い、精度の高い測定データを得て解析を実施し、単純理想状態での基礎式を見出してきた。落体の法則や運動の法則のような単純明快で汎用性のある基礎式の発見こそが近代科学の目標とされた背景には科学者の美意識あるいは神による秩序を前提とした自然観などがあったが、産業革命で活用される実用的な意義もあった。例えば、真空とか高圧とか定温とか無風とかという理想条件を前提とした基礎式は工場プラントにおける製品生産条件の設定のためには有用であった。様々な現象や自然に科学知識や人間社会を合わせるのではなく、後者に前者を合わせてきたのである。

（4）個々のプロセスに分解すれば汎用的に説明できるという認識

　近代科学ではブラックボックス的な説明ではなく、因果関係を示すメカニズムの解明と実測データに基づく検証が求められた。そのため降雨から河川流出に至るプロセスをブラックボックス的に捉えて応答をみるのではなく、降雨、林内雨、林内微気象、蒸発、土壌水分、地下水位・・・という個々のプロセス（素過程）ごとに分解して観測していく手法が採用された。現象を構成している個々の各プロセスに分解すれば、個々のプロセスに単純な原理が成立しそれは汎用的であるという認識がその根底にはあったのである。

（5）最大公約数的なプロセスだけで十分に近似できるという認識

個々のローカルな特性は、調節されるべき要因として軽んじられ、ノレッジは「最大公約数的な記述」で組み立てられた。汎用的な部品である個々のプロセスを組み立てれば複雑な現象を表現でき、その際、すべてのプロセスを網羅することなく代表的なプロセスだけを限定して用いても十分に第一近似はできているとみなされてきた。様々な要因が作用する複雑な現象を分解し着目する要因だけを取り出して計量し計算し説明するという近代科学の正攻法であり、解明された個々のプロセスをメカニズムに基づいて組み立てれば森林水源涵養機能が説明できるはずであった。

3.2. 近代科学への期待と挫折

政治的な影響から逃れようとすればするほど近代科学の説く普遍性・理想化に依存することとなった。近代科学へのあこがれは、現象をプロセスへ分解した研究を促し、ブラックボックス的な把握を拒ませたのである。

しかし、これらの観測データから森林水源涵養機能をなかなか説明できず先人たちは戸惑いを隠してはいない。科学・技術としての森林水源涵養機能論は容易ではなく、前述した1914年の林業試験場からの最初の水文関係報告書（木村・山田、1914）の緒言には、水源涵養機能の根拠を学術的に証明できていないが水源涵養保安林は乱設されてきたという警鐘が記され、1923年の林業試験場からの2番目の水文関係報告書（玉手、1923）には、「元来水源涵養ナル事実ハ複雑多岐ナル関係ヲ有シ、（中略）諸因子ノ作用ヲ除去シ、単純ニ森林トノ関係ノミヲ求メントスルコトハ頗ル困難」と記され、森林水源涵養機能の学術的な裏付けが進捗していないことが吐露されるとともに、諸因子が複雑多岐に絡むことが解明の困難な理由として挙げられている。現象を分解し（④）、「単純な原理」を見出し（①）、最大公約数的なプロセスだけを用いて現象を

近似し（⑤）、社会にわかりやすく単純化して説明し（②）、現象を人間社会の想定に合わせる（③）、という近代科学的な手法では回答を得られなかったのである。

野外科学においては、実験室で再現可能な物理や化学の諸現象のようには要因や条件を単純化できず、単純理想状態を想定したメカニズムや最大公約数的な説明では現場に適用する際、たちまち例外だらけとなってしまった。これらはまさに近代科学の本質的な部分であり、専門家は「エスタブリッシュトなノレッジ」から根拠を求められ、近代科学に基づいて答えようとしてきたが、近代科学の適用自体に無理があったといわねばならない。

流量や地下水などの森林水文現象の現場観測や山地災害の現場調査などで痛感することは、その地域や流域、あるいはそのときの気象条件など様々な要因が実に多様であることである。地形や地質、土壌、過去の土地利用や災害の履歴、植生、人為の影響の大小、そして気象条件など、まさに同じ条件のケースは一つとしてないという状況のもとで諸現象は生起している。

野口（1992）は、「主に森林影響の科学方法論につながるという意味において」として諸家の言葉を紹介しているが、その中から二つを野口（1992）による訳文でここに再掲する。

キテレッジ（1948）の言葉：
「植物相や動物相について考えてみても、それらを含む単位的な土地は、他の単位的土壌に比べ、それぞれ異なる特性をもっている。したがって、そういう単位的土地の複合体である地域の全体に適用できるような、一般化された結論が得られるとは、どう考えても疑わしいのである。」

ハーセル（1971）の言葉：

第Ⅴ章　森林水源涵養機能論が迷走する理由

「その場所固有の把握困難な因子の影響で、大いに異なる結果がでることがある。したがって現在存在している研究成果から一般的結論を引き出したり、あるいは、ある来るべき場合にどんな森林影響が現れるかを、確実に予測することは困難なことが多い。」

　これらのキテレッジ（1948）とハーセル（1971）らの言葉が示唆するように、一般的な議論が困難であり、「科学・技術としての水源涵養機能論」の解明はなかなか捗らなかった。そもそも多要因が関与する野外科学においては、素過程ごとに分解してもなかなか要因を単一化できない。個々の素過程においても多要因が関与するため単純な基礎式を構築できず、分解して組み立てるという手法は容易でなかった。天体の動きや光学、あるいは実験室で再現可能な物理や化学の諸現象の場合には比較的容易に歩を進められる研究ステップが、森林水源涵養機能論に関してはことごとく難題と化してしまうのであった。

　森林水源涵養機能論に関する研究の場合、観測現場の数が１～２ヶ所、あるいは数ヶ所という研究も少なくなかった。観測上の様々なトラブルを克服しデータを得ても、観測精度、観測の空間代表性などの問題があり、山火事や病虫害など想定外の様々な要因の関与もあった。現場観測においては水収支の重要な入出力項である降水や蒸発散については、豪雨も渇水も晴天も曇天も無風も強風も天候任せであった。個々の観測データには様々な要因が関与しており他事例においても様々な要因が関与しているのであるから、繰り返し実験は現実的ではない。条件を理想化することもできず、かかわる要因も限定できない。わかりやすく単純な原理には分解できず、個々のプロセスは汎用的でなく、その合成として観察される現象を組み立てることもできない。このような状況下では得られた知見の汎用性に対する期待も躊躇せざるを得なかった。

　観測結果から高い相関関係が示唆されてもそれが因果関係を示すと断

定できない場合も多い。例えば、アレクサンダー・フォン・フンボルトが南米で湖面水位の低下と集水域内の森林面積の減少とが高い相関関係を示していたことに着目したが、実は両者に因果関係はなく、森林を開墾した農地への灌漑用水取水量の変動が湖面水位の増減を決めていたという事例も伝えられている（ヴァイグル、2004）。なお、森林面積と水資源をブラックボックス的に結びつけた研究成果であったこのフンボルトの森林水源涵養の説は米国における荒廃地への入植宣伝に利用される一方（ヴァイグル、2004）、19世紀以降の森林水文素過程の研究や20世紀の小流域試験の研究においてはほとんど引用されていない。相関関係があっても因果関係がない事例として伝えられるべきであろう。

現代の例ではあるが、ヨーロッパ・大陸・植生観測プロジェクト（Euroflux）のテフネンらの研究は樹木のシュートレベル、個体レベル、斜面レベル、地域レベルをそれぞれの空間レベルのモデルで表現しこれらを連結して再現する意欲的な研究計画（Tenhunen et al., 1995）であったが、その研究成果（Tenhunen et al., 2001）では各空間レベルごとの考察に留まっており空間レベルを超えた総合的な考察はかなり控えめなものとなってしまった。彼らの手法は、様々な要因が作用する複雑な現象を素過程ごとに分解し着目する要因だけを取り出して詳細に観測しモデル化するという近代科学の正攻法であった。葉群をブロック細工のように円筒型に組み立てて単木とし、それを斜面にずらりと並べて森林とするという手法の採用に、木を見て森を見ずという危険性への考慮はあったのであろうか？　どの程度の精緻化をすべきかという問題は、モデル化とはどういうことだったのか？　という命題でもある。近代科学が追い求めたような単純明快な基礎式が卓越する現象と野外科学が対象とする多様な時空間スケールにおける多様な条件が卓越する現象とでは精緻化の必要性もモデル化の意味も異なるであろう。

森林水文学（あるいは広義の水文学）のような野外科学の近代におけ

第V章　森林水源涵養機能論が迷走する理由

る研究では、分解し基礎式を導くという近代科学の手法の適用は必ずしも容易ではなかった。結局、流量を測って降雨から流出に至るプロセスをブラックボックス的に捉えて応答をみる小流域試験が、1900年のスイスのエメンタール試験地を嚆矢として着手されるに至ったのであった。野口（1984）は薗部（1940）の以下のコメントを紹介している。野口（1984）による現代語訳を引用する。

「気候上の影響の研究から推及して利水上の影響を結論しようとするにあった。しかしこの道程は余りに迂遠である。その上具体的の森林においてはその樹種・林齢鬱閉などははなはだ区々であり、その環境であるところの気候・風風も頗る種々であるから、観測結果として得た数字は普遍・妥当性に乏しい。それゆえ利水上の研究は直接の量水試験によるのが正確であると考えるようになり…」（筆者注：量水試験は小流域試験と同じ）

　1897年には森林法が制定され森林水源涵養機能がオーソライズされるという状況のなか、1900年にスイスで小流域試験が開始され、日本も小流域試験の開始を急ぐこととなる。しかし、小流域試験研究は自然斜面や自然の降雨を対象とするため、着目する要因以外の実験条件の差異を揃えることは、実験計画法に基づく机上実験のように容易ではなかった。バレンシア湖の水位変化と森林面積の増減の見かけ上の相関から両者の因果関係を誤認したフンボルトの例を前述したが、流域試験研究においてこのフンボルトの轍を踏まない方策はあったのであろうか？

3.3.「分解して解明する」手法を放棄しても生じる問題

　流域からの流出量と降水量を測定する小流域試験は、1900年にスイスのエメンタール（Emmental）の地で実施された。全域が森林で覆わ

れた森林流域（以下、森林流域）と、7割が草地で残り3割が森林であった流域（以下、草地流域）を比較することにより森林と草地の水源涵養機能の違いが明らかになると期待された（Keller, 1987）。1927〜1956年の30年間のデータを解析し、森林流域は草地流域に比べ洪水流量が少なく、渇水流量が多いという結論は、期待されていた森林の水源涵養機能に根拠を与えるものと思われた（McCulloch & Robinson, 1993）。しかし、ペンマン（1959、1963）は、「草地流域が森林化しなかったのはそこの土壌が薄かったためである可能性がある。洪水時や渇水時の2つの流域の違いも、植生の違いが原因ではなく土壌の厚さの違いのためではないのか？」と指摘し、これに対しエメンタール試験地の研究者たちは反論できなかったという（McCulloch & Robinson, 1993）。

　実証データが十分条件とならない例もある。西欧において世界の水循環が理解されるようになったのは比較的新しく、古代のプラトンやアリストテレス、17世紀のデカルトやケプラーでさえ河川水の起源が降雨であるとは捉えていなかった（ビスワス、高橋・早川訳、1979）。海に流れ込んだ河川水は海洋の底から地中に吸い込まれ、地中の割れ目をつたって山体を上昇し泉や谷頭部で湧水となり河川水の源となると捉えられていた。このような捉え方は17〜18世紀に実施されたペローやマリオットらの観測によって否定され、河川水の起源は降雨であることが示された。ペローの研究では、フランスのセーヌ川源流部で3年間降水量を測定し、降水量は河川流量の6倍あるという結果を得、泉と川を永続的に流すには雪と雨で十分であることが示された。マリオットの研究では、浮子を用いて測定した河川流量と、3年間の降水量の測定値を用い、パリより上流のセーヌ川流域の年間の水収支を計算し、河川流出量は降水量の1／5にすぎないことが示された（以上は、ビスワス、高橋・早川訳、1979を参照）。しかし、ペローの研究もマリオットの研究も、観測結果は降水が河川水の源として量的に可能であることを示したにすぎ

第Ⅴ章　森林水源涵養機能論が迷走する理由

ない。地中の割れ目をつたって上昇する成分を否定できたわけではない。実証データが論理の十分条件の証明となっておらず、降水はすべて深部浸透するが河川水は海から地中の割れ目をつたう成分で供給されるというような、測定結果と旧来の説とを整合させる説明の余地さえ残されているのである。近代科学からみれば不完全であるともいえるであろう想定外のあいまいさは、野外科学においては排除しきれない。

　近代における「科学・技術としての水源涵養機能論」の解明が順調に進捗したとは言い難い。では、改めて「科学・技術としての水源涵養機能論」のゴールとはどういうものであるのか、と問わねばならない。ボーアがハイゼンベルクに語った「物理学は皿を洗うようなもので、汚い水で洗っているうちに皿はしだいにきれいになってゆく」（菅原、1972）という言葉を例示しつつ、タンクモデルで著名な菅原正巳（1972）は、大きな誤差を含む不確かな資料を未熟なモデルで解析しているうちに認識が深まってゆくという水文学の研究の特性を指摘している。この菅原の言葉を引用しつつ榧根 勇（1989）は次のように記している。

「水収支はそのようにあやふやなものであるが、それにもかかわらず、水収支の吟味を繰り返してゆくうちに、われわれの自然認識は深まってゆく。」

　森林水源涵養機能に関してもその研究の困難さが指摘されてきた。まず、高橋（1971）はわが国において森林の治水・保水機能が論争の的となり、明瞭な結論を出せない理由として、「繰り返し的な実験手法がきわめて行いにくい対象」であり、「森林の成長は時間を要し、治水機能を検定できるような大洪水は稀にしか起こらない。」、「さらに、個々の工事を取り出して河川全体への効果を判定することは困難」であることを指摘している。また、蔵治（2007）は、洪水災害は上流の森林伐採と

結び付けられて報道されるがその科学的な証明は困難である理由として、森林以外にも雨の降り方や地形、地質など流域の多くの要素に影響される洪水の出方から、森林のみが及ぼした影響だけを抽出することは困難であることと、試験地を設定して実験をしようにも、一度降った雨は二度と同じようには降ってくれないので、同じ場所で森林の状態だけを変えて、同じ雨を降らせる、という実験は不可能であることを指摘している。ともに「研究手法の実験計画として条件を繰り返し再現できないという問題」と、「諸因子が複合して作用しており個々の因子の影響に分解できないという問題」が指摘されており、近代科学的手法を推し進めても森林水源涵養機能の解明にはなかなかつながらない。別の観点からの指摘も重要である。デウォール（DeWalle, 2003）は、従来の森林水文学の成果は、複雑な相互作用が絡む個々の問題に対応するための十分な資料とはならないことを指摘している。彼は、著名な試験地であるハーバード・ブルック（Hubbard Brook）やコイータ（Coweeta）、H.J. アンドリュー（H. J. Andrews）などでの研究は、もともとは低頻度の大洪水にかかわる影響を評価することを目的としてはいなかったことを例示し、伐採方法やその面積率、道路建設、山焼きや地拵え、森林の生長速度などの個々の切実な問題には従来の森林水文学の研究成果に基づいた分析では対応は困難または不可能であるという「個々の条件の多様性という問題」を指摘している。前述した玉手（1923）も、森林以外の諸因子の影響の大きさを指摘している。スワンソン（Swanson, 1998）は21世紀に向けての森林水文学の問題と題した論説で、森林水文学がまだまだ未完成の科学であり森林施業の流出への影響を評価したり予測したりするには至っていないことを指摘している。ダン（Dunne, 1998）は森林水文学は解決不能と思われる論争に巻き込まれてしまったと振り返っているし、アリララ（Alilaら, 2009）によれば、論争によりますます科学と市民の認識と行政の亀裂は深まり、市民と政策立案者に対す

る教育の必要性は増大してきたという。

　本章２.１節では「エスタブリッシュなノレッジ」が科学に対して検証を求めている構図の新しい科学コミュニケーションモデルを提示したが、「エスタブリッシュなノレッジ」が森林法にオーソライズされた強力な存在であったことだけでなく、森林水文学が十分条件を備えない、不完全な、「皿を洗うような」学問、近代科学が想定した科学とは異なる学問であったことも、この構図を生む理由となっていたといえる。科学コミュニケーション論では個々の専門分野をコミュニティーとして捉えうることが示されているが、森林水文学は、森林学や水文学などの専門分野の重複領域やニッチ領域を担う分野であり、独立したコミュニティーとして成熟できなかったことも指摘できる。後述するように森林水文学の教科書が国内外ともに少ないことがその証左となっている。なお、この不完全さは学問領域としての不完全さであるという点で、学問領域の一部の未完成をさす「作動中の科学」（藤垣、2003）よりも深刻である。森林水文学は歴史は長く社会や行政とのかかわりも深いが、事例研究が多くレビュー研究も断片的である。蔵治（2007）は、森林水文学の特徴として、ディシプリン（学問分野）として確立されていないということと、人文・社会科学を含んでいないことの二つを指摘している。後者に関しては、森林水文学が科学コミュニケーションに関して何も考慮してこなかったことと符号するが、この点については次章で野外科学全般の問題として考察したい。前者について補足すれば、森林水文学は、日本森林学会や IUFRO（International Union of Forest Research Organization）などの森林関係の学会の中の一部門、あるいは日本水文・水資源学会や IHA（International Hydrological Association）などの水文関係の学会の中の一部門として研究活動が実施されてきているが、国内外ともに独立した学会組織を持たない。教科書も現在入手可能な邦文では、中野（1976）、塚本（1992）、久米ら（2007）による３冊である。

ただしこのうち久米ら（2007）では森林水文学の全分野をカバーするのではなく小流域試験や流況曲線などの森林水源涵養機能論に関連の深い項目は割愛されている。森林水文学（Forest hydrology）を題名に冠した英語の教科書もわずかにリチャード・リー（Richard Lee, 1980）、ジョン・ヒューレット（John Hewlette, 1982）、ミンテ・チャン（Mingteh Chang, 2012）などがあったにすぎない。最近発行された英文のデルフィス・レビア（Delphis Levia）ら（2011）は森林水文学（Forest hydrology）を題名に冠した740ページの大著であるが、小流域試験については章は割かれておらず、水源涵養機能論の解明に向けた研究については全く扱われていない。

　独自の学会がないこと、独自の教科書が少ないこと、つまり学問的に閉じておらず、その科学者コミュニティーも閉じていないこと、この二つこそが森林水文学の特徴である。つまり、森林域の水文現象は非森林域や広域の水文現象と密接にかかわりあっているので、森林水文学の研究領域は水文関係の学会から自立できない。同様に、森林域の水文現象は森林域の生態や森林施業と独立ではないため、森林水文学の研究領域は森林関係の学会から自立できないのである。森林水源涵養機能論は、森林水文学という科学者コミュニティーを超える問題であり、その検証を困難にしている。

4. 近代科学に振り回される森林水源涵養機能論
4．1．日本に内在する問題

　森林水源涵養機能論の科学技術的な解明をめぐる混迷は日本だけでの現象ではない。アンドレッセン（Andréassian, 2004）、マクロ・ロビンソン（McCulloch & Robinson, 1993）、カルダー（Calder, 2008）は西欧社会における森林水源涵養機能の論争について解説している。しかし、日本においては思想・文化としての水源涵養機能論は深く社会に定

着していた。そのため日本における問題の歪みの大きさは大きく、またその原因の根も深いといえるであろう。明治維新の文明開化による旧思想および旧学問の全否定と舶来の近代科学化への盲信的な追従が問題の根底にあったのである。明治期の日本における森林水源涵養機能論の展開は、観念的表現による認識や伝聞が発信される一方、森林水文の素過程（プロセス研究）のヨーロッパにおける観測データが、後には日本での観測結果も加えて伝えられていた。欧州では森林気象や他の素過程の観測は19世紀半ばには開始されていた。

　「科学」や「技術」や「芸術」などの訳語をつくったことでも知られる西周は高橋琢也（1888）の著書「森林杞憂」の叙に以下の言葉を寄せている。友田（2009）による現代語訳を引用する。「昔、幕府が開府したおり、熊沢蕃山先生が水理を講義して、その議論は大きく伸展した。しかしながら、（中略）とうとう世の中はこのような学問があることさえも知らなくなった。明治維新の改革により新しい気運が急速に起り、ヨーロッパの学問が広まった。」江戸時代の日本においても科学革命と啓蒙主義が、ヨーロッパと同時期に生起していたという指摘は少なくないが（今橋、1995、1999；岡、1992；スクリーチ（高山訳）、2003）、それは一部の限られた愛好者達の世界においてのブームであり、庶民を巻き込む大きな時代の動きとして輸入されたのは明治になってからであった。明治初期にはウィルレム・チャンブルとロベルト・チャンブル共編の百科全書も学校教材としての使用のため邦訳出版されている。

　明治初期の日本では文明開花とともにヨーロッパの17世紀の科学革命、18世紀の啓蒙主義、さらに視覚文化からテキスト文化への移行という2世紀半にわたる経験が一度に押し寄せることとなり、ブラックボックスを嫌う近代科学の手法が鵜呑みにされ杓子定規に適用されてしまうこととなった。明治初期において森林水源涵養機能論が舶来だったのではなく、「科学・技術としての水源涵養機能論」の研究手法として「舶

来の西洋近代科学」が採用されたのであった。

　ヨーロッパにおいては科学革命も啓蒙主義も十分な時間をかけて良い面でも悪い面でも様々な経験を積み、既に発せられていたフランシス・ベーコンの「劇場のイドラ」などの警告とともに、それが近代に活かされてきていた。しかし、明治初期の日本においてはその余裕はなく、舶来の科学的手法は鵜呑みにされ杓子定規に適用されてしまうこととなった。日本の伝統的な学習や経験、さらには江戸時代の和製の科学革命や啓蒙主義さえも省みられることはほとんどなかった。

4.2. 迷走の原因

　ここまでを総括すれば、「科学・技術としての水源涵養機能論」の迷走の原因は以下の二点である。
　1）「単純な基礎式・理論を追い求めるという、「舶来の」近代科学の
　　　正攻法の杓子定規な適用」
　2）「小流域試験データの一人歩きとそのブラックボックス的な利用」
　この二つの対極にある手法は、複雑な基礎式、複雑な理論を、単純化せず複雑なまま受容し、観測データには詳細な注釈を附加し一人歩きさせないということになる、複雑な基礎式、複雑な理論とは、数式が複雑という意味だけではなく、場合分けが多く複雑という意味でもあり、さらにはもはや基礎理論を表す式と補正項を表す式という主従の区別も必要ないのかもしれない。なお、いわゆる「複雑系の科学」は複雑現象を生み出す単純な原理を想定するものであるから該当しない。

　「思想・文化としての水源涵養機能論」や「政策・制度としての水源涵養機能論」は注釈付きにするには限界がある。前者は記号化・心象化して表現されることも多く、後者は明確さを犠牲にできないことも多い。これらの二つの水源涵養機能論では、必要な注釈は「科学・技術としての水源涵養機能論」を参照することによって補われるとするしかなく、

第Ⅴ章　森林水源涵養機能論が迷走する理由

「科学・技術としての水源涵養機能論」は必要な注釈すべてを背負っていく必要があった。

たとえ「政策・制度としての水源涵養機能論」においてその明確さのために水源涵養機能の数値化や機能発揮の閾値の設定というような概念が提案されたとしても、「科学・技術としての水源涵養機能論」に求められることは数値化や閾値との安易な整合では決してなく、参照すべき複雑詳細な注釈群の提示・提供であるべきであろう。「科学・技術としての水源涵養機能論」にとってその機能の安易な数値化や閾値設定は、ないものねだりであることはここ1世紀半の森林水文学の流れを省みれば明らかである。また、水源涵養機能の安易な数値化や閾値設定は森林や水資源・防災に関する様々なステレオタイプを招き（田中、2008）、さらにそれらが「政策・制度としての水源涵養機能論」で使用されるという過ちを再び犯すならば、19世紀前半のフンボルトの教訓を、あまりにも活かしていないと非難されても止むを得ないであろう。

研究者は精緻な研究成果にこだわりすぎていたのかもしれない。社会に提供すべきは単純明快で普遍的な真理でなくてはならないと思いこんでしまい、精緻な研究成果を追い求めてきてしまったことが森林水源涵養機能論の迷走を招いたと考えられる。だが、社会は現実から乖離した精緻な研究成果を求めていたのではない。個々の現場の特性や個々の現場の履歴を見落すことなく、精緻でなくとも本質的・実質的な情報に迫る必要があったように思う。

第Ⅵ章

新たな野外科学へ向けて

1.「注釈を重視する科学」へ

　前章では、森林水文学が過去百数十年間辿ってきた状況が、社会先行、学問後追いという構図であったことを述べた。国家レベルでの巨大で強力な「エスタブリシュトなノレッジ」によって森林水文学は Yes / No の二者択一の回答を迫られ、様々な条件下ごとに場合分けをした丁寧な説明を回答するという状況とはならなかったのである。では今後、同じ轍を踏む心配はないのだろうか？

　従来の科学は、「いずれの現象も（分解すれば）明解な原理を有する」という近代科学の路線上にあり、「洗練された基礎式・理論」が追い求められてきた。科学技術社会論における「作動中の科学」や「科学に問うことができても科学に答えられない問い」などの概念は、科学の市民に対する優位性を揺るがすものではない。

　しかし、野外研究では、100個の事例を調べれば、100の現場特性（地域特性・流域特性、豪雨・地震などのイベントの特性）が見出される。簡潔な即答ではそのすべてのケースに触れることはできず、現実と乖離した理想状態での現象を説明するか、多数の事例に共通した現象を説明するしかない。研究成果を一般社会に向けて情報発信する際、あるいは教科書の記述では、「わかりやすく単純化した説明」や「単純理想状態を想定した例」や「最大公約数的な記述」などは好ましいことなのだろうか。

「理解を助けるための工夫」が実は注釈付きで発信すべき情報から注釈を取り去ってしまっているのであり、「わかりやすく単純化した説明」が森林や水資源に対するステレオタイプを生み、「単純理想状態を想定した例」が神話をつくり、「最大公約数的な記述」が個々の事例の特性を無視することにつながりかねない。森林水文現象の最大公約数的な表現や、簡潔で汎用性のある基礎式、水源涵養機能の閾値などを求める声も高まってきているが、これらに安易に応えてしまうと森林水文学研究の方向性を誤らせることとなる。19世紀前期のフンボルト思想や19世紀後期の英領インドによる森林水源涵養機能の理想化の過ちを繰り返してはならない。

　これらを防ぐためには、典型例による説明から脱却し、単純化しない、要因を減らさない、条件を理想化しない、少数の基礎式に帰結させないという工夫、すなわち、注釈とともにデータを使用し、注釈とともに理論を適用するという姿勢が必要である。この姿勢を、一般社会に向けた情報発信の場や教科書の記述においても堅持していかなくてはならない。ここで注釈とは、精緻化したり近似したりした際に選から漏れる情報の補足である。

　すなわち、森林水文学の問題は、典型例による『（一見）わかりやすい説明』で対応できる現象ではなく、個々の現場特性が絡み合う複雑な現象であることをアピールすべきであろう。Yes／Noの二者択一を迫る問いには応じず、詳細な注釈付き情報を保持し伝え参照するという姿勢が必要なのである。これからは、近代科学にしばられず、後述する「結びの情報」すなわち多種多様な条件の様々なケースをすべて背負い込んでいくという方向を模索することが必要である。「科学・技術としての水源涵養機能論」のゴールは、注釈をつけたデータと注釈をつけた理論を用いてめざすべきものであろう。しかし注釈つきの「科学・技術としての水源涵養機能論」は「思想・文化としての水源涵養機能論」および

「政策・制度としての水源涵養機能論」と対峙できるのであろうか。

2. 百年の乖離を繰り返さないために

前章では、菅原（1972）および樋根（1989）の皿を洗う話を紹介した。「水収支はそのようにあやふやなものであるが、それにもかかわらず、水収支の吟味を繰り返してゆくうちに、われわれの自然認識は深まってゆく。」菅原の言葉も樋根の言葉も森林水文学ではなく広い意味で水文学について語ったものであるが、森林水源涵養機能に関する研究における研究の困難さ（すなわち、条件を理想化することもできず、かかわる要因も限定できず、繰り返し実験は現実的ではなく、わかりやすく単純な原理には分解できず、個々のプロセスは汎用的でもなく、その合成として観察される現象を組み立てることもできない。）に対してもよきアドバイスとなっている。

我々は、様々な曖昧さや不明確さを背負いつつ森林水文学の諸現象を解明していかざるを得ない。皿を洗う話のアドバイスは曖昧なデータにもかかわらず無謀に研究を進めればよいという決意表明ということではなく、実測データや理論のもつ一般的でない特殊事情、すなわち非一般性を無視することなく、曖昧なデータは「曖昧」という注釈をつけたまま、特殊な条件下を前提とした理論は「特殊な条件下」という注釈をつけたまま、研究を進めていくということであろう。他の学問分野では、基礎式でほとんど説明でき補正項を考慮すれば他の要因の影響も表現できるという現象を扱うこともあろう。しかし森林水文学においては、植生の流出への影響を表現した実験式が得られた場合でも地形や地質や土壌や人の関与が大きく異なれば、植生の影響を表すはずの基礎式よりも他の要因を表す補正項のほうがずっと大きく流出に寄与することも十分あり得る。森林水文学においては一般的な基礎式の存在を想定してデータや理論を一人歩きさせることは危うすぎる。

多くの流域に共通する条件（後述する「交わりの情報」）だけを拾って精緻化したモデルを作成しても個々の現場に応用する際には個々の流域がもつ多様な情報（後述する「結びの情報」）の影響を考慮できるモデルでなければ現象は表現できない。化学工業のプラントなどの人工装置内での応用を前提とする科学とは違い、森林水文学のような現場科学では、精緻化した結果を得ても、現場に応用する際には精緻化しえない現場条件に適用せざるを得ない。

現代においてはその調査・研究の成果である論文や報告書には、客観的に評価できる情報や調査マニュアルで指定された調査項目の情報のみが記述されるにすぎなくなってしまっている。学術雑誌の電子化も進み、分業化された現場調査例など、論文検索でも現場観測でも断片的に狙ったものだけをピンポイントで調べることが多くなった。素朴な動機でわき見や道草をする余裕は減ってきた。その結果、調査項目やその表現方法は画一化し、これに外れる情報は無視され埋もれざるを得ない。もともと多くの研究者にとって、ガリレオやニュートンなど近代科学の偉人たち以来、現象を数式で表現することは大きな魅力であった。少ないパラメータの簡単な基礎式で様々な事例を表現することは、しばしば研究の目標となり、また論文の高い評価ともなってきたことも、森林情報のピンポイント化と画一化を助長している。木を見て森を見ずという観測データだけを扱っていれば、木を見て森を見ずというモデル化でも何ら不都合を感じないのかもしれない。モデル化とはどういうことだったのかを語るためには、まず現場観測とはどういうことだったのか？　に思いを巡らせる必要がある。砂防学において土石流の研究は、焼岳や桜島などの土石流頻発渓流の現地観測データにより発展した。土石流が頻発するのでセンサやカメラを設置しデータが取得される。しかし、災害となる土石流は、まさかここで土石流が発生するとは到底思えないような、センサもカメラも設置されていない谷で生じる。このように多様な時空

間スケールにおける多様な条件が卓越する現象は観測もモデル化も容易ではない。しかし、だからといって何もかも抱え込むような観測をすれば現象がみえてくるというわけでもない。

　森林水源涵養機能と関連の深い分野の森林水文学の研究では、プロット・斜面・流域の現場観測、回帰関係を利用した推定、偏微分方程式の数値解、GISと組み合わせた分布型流出モデルなど様々な取り組みが行われてきたが、そのそれぞれの取り組みにおいてもどの程度の精緻化をすべきかという判断を迫られる。

　1970～80年代における斜面水文学のブームは、データロガーによる実測データの収集と不飽和浸透理論とパソコンを用いて、素過程と小流域試験を結びつけられるという期待を抱かせた。実際、試験地レベルではその例が示されデモンストレーションされたのであったが、リチャーズ式をそのまま用いるような一般的な不飽和浸透理論に基づく分布型流出モデルの適用では数値解は翻弄されてしまい現象をなかなか表現できず、結局は擬分布型モデルであるトップモデルという名称の地形流出モデル（TOPMODEL）（Beven & Kirkby, 1979）が普及するという状況となっている。しかし、多くの要因の関与を無視し集水性と傾斜を重視したトップモデルの計算結果もまたこれを一人歩きさせるべきではなく、「トップモデルによる計算結果」という注釈を成果から外さずに利用していく必要がある。前節で注釈とは、精緻化したり近似したりした際に選から漏れる情報の補足としたが、どんな精緻化をしたのかとか、どんな近似をしたのかという情報も、注釈情報として発信される必要がある。

3．「すべてを背おうとする科学」へ
3．1．「交わりの情報」と「結びの情報」

　近年、透明性の確保や説明責任の重要性が叫ばれ、学術研究や政策決

定の資料の数値情報への傾倒と客観的評価値への依存が進行している。しかし、これらは現場で生起している現象の様々な要因のうちの扱いやすい要因のみが使用される状況をもたらしている。また、デジタル情報の一般化と低価格化に伴い、ビジュアル情報が多用される傾向にあるが、このことは図示しやすい単純な要因・メカニズムが説明に使用される状況を生んでいる。

　野外科学の個々の現場の固有の特徴・履歴・人間社会とのかかわりなどを重視していくためには、要約だけの「交わりの現場情報」だけを満たす科学でなく、注釈を含めた「結びの現場情報」のすべてを背負う科学への転換を図りたい。数学の集合論では二つのグループの重なり部分を「交わり（または積）」と呼び、重なっていない部分も含めた部分を「結び（または和）」と呼ぶ（図−5）。例えば、あるAという河川の流量変化の調査結果では「土地利用の変化」と「降水特性」と「山火事の履歴」の三つが要因とされ、別のBという河川の流量変化の調査結果では「土

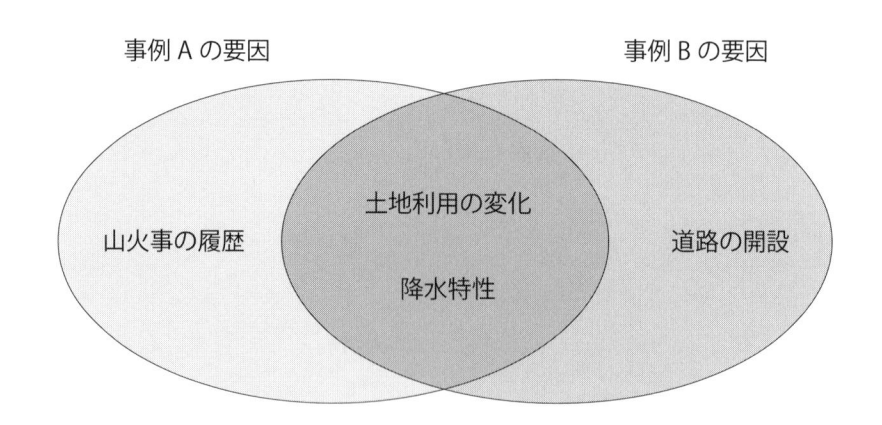

事例Aの要因　　　　　　　　　事例Bの要因

山火事の履歴　　土地利用の変化　　道路の開設
　　　　　　　　降水特性

「交わりと結び」
事例A、Bの共通の要因が「交わり」であり、
共通の要因も片方だけの要因も含めた全体が「結び」である。

図−5　交わりの情報と結びの情報の例

地利用の変化」と「降水特性」と「道路の開設」の三つが要因とされた場合、共通する要因、すなわち「交わり」は「土地利用の変化」と「降水特性」の二つとなる。これに対して、ＡＢ両河川の一方だけにかかわる要因も含めて、土地利用の変化、降水特性、山火事の履歴、道路の開設の四つを取り上げるのが「結びの流域情報」である。「山火事の履歴」と「道路の開設」は二つの河川に共通の要因ではなく、個々の河川の特殊事情と解され、最初は注釈などとして記録されるとしても二次資料、三次資料では省略され、今後の調査項目に採用されなければもはや省みられることはなくなるのが従来の扱いであった。

　多くの事例を扱うレビュー研究や、総括的な調査では、大部分の事例に共通する「交わり」の要因が注目されてきた。研究成果としての実験式の入力項として採用され、今後の研究計画に観測項目として加えられるのはこの「交わり」の情報であった。行政において、指針やマニュアルに入力項として採用され、データベースの入力項として選択されるのもこの「交わり」の情報であった。

　一方、行政においてもマニュアル化が進み、コンピュータ判定の重視やその入力とするための現場状況の数値化も進んでいる。様々なことがコンピュータ化され、現代社会における森林情報は規格化、専門化が顕著である。このため多様な現場条件のすべてが活かされるわけではなく、マニュアルで設定された入力項目や既存のデータベースの掲載項目、そして数値化できる情報のみが利用されることとなり、個々の現場の特殊事情が留意され活かされるシステムとはなっていない。

　このような情報の蓄積の要因間格差は、実験室や植物工場など条件を人工的に制御できる場合には蓄積の多い要因だけを選択して装置内の環境を設定することによって問題を回避できる。しかし、野外科学ではそのような設定はできないのである。

3.2.「交わりから外れる項目」の重要性

　ある要因が「交わり」に含まれるのか、外れるのかで、その要因についての情報の蓄積に格差が生じる。前者は多くの調査で取り上げられたり、データベースの掲載項目となっていたりするため、既往の事例や傾向を調べやすく比較もしやすい。そのため新規の調査でも調査対象に加えられることが多くなる。一方、「交わり」から外れる要因は、たとえ調査項目に加えられたとしても、比較対象とする事例がなかなか見つからず有効な考察に活かせない事態も生じやすい。客観性を満たせない「断片的な情報」と化し活用できず、そのため新規の調査で調査対象から外されたりするためますます情報の蓄積が少なくなる。

　「交わり」から外れた要因は個々の事例の特殊事情と解され、最初は注釈などとして記録されるとしても二次資料、三次資料では省略され、その後の調査項目に採用されなければ省みられることはなくなる。現代においては、特殊事情に時間を割き費用をかけることの必要性を客観的に説明できなければ、それらの要因を考慮することは困難になってきている。特にデータベースに入力される情報や数多くの現場研究をレビューした論文などでは、個々の現場の特殊な条件の情報が伝えられることは稀であり、データベースで設定された入力項目や数値化しやすい情報で構成されることとなる。そしてこれらのデータベースやレビュー研究に基づいた科学的な総括やシミュレーションの構築、政策の立案、そしてビジネス展開は、個々の現場の特殊な条件とは乖離してしまうこととなる。

　しかし、森林とか水文環境などのような自然とかかわる現象を対象とする分野においては、様々な特殊な要因がかかわる可能性があり、情報の蓄積の多寡だけで律速要因を抽出できない。他に例のないその現場だけの特殊事情が大きく効いている場合もありうる。そのため調査の際は、予定していた項目だけをピンポイントで調べるのではなく、観測者の五

感と経験を活用し、加えるべき調査項目を探索し、必要なものは情報として活かしていかなくてはならない。

　「交わり」から外れる項目について、調査担当者の判断で調査項目に加えたい場合、その根拠はどのように説明できるのだろうか。個人研究など観測者の五感と経験が尊重される場合はよいが、大規模な研究プロジェクトの場合、調査項目の客観的な説明が要求される。しかし、情報の蓄積のない要因についての提案の説明は容易ではない。たとえ調査項目に加えても、有効な考察を展開するだけの情報が得られないというリスクもある。調査担当者にとっては、調査項目を増やす提案は敷居の高いものとなっている。ブラウンとドゥグッド（宮本訳、2002）は、新しい思考方法を研究に反映させることについて次のように述べている。「新旧のアイデア間の勢力争いでは昔からの確立されたアイデアの方が新しいアイデアよりも有利になることは避けられない。古い方には評価の定まった実績があり、新しいアイデアは当然、何もないからだ。」

　個々の流域内の固有の特徴・履歴・人間社会とのかかわりなどを重視していくためには、要約だけの「交わりの流域情報」から注釈を含めた「結びの流域情報」への転換を、提案したい。これらを注釈情報として発信し活用していく必要がある。

4．注釈とともにデータを使用し理論を適用

　野外科学では、多分野にまたがる様々な要因がかかわり、それらは人類が容易に制御できるものではないことが多い。したがって、実験計画法で想定されるような、要因を選択し制御して繰り返し測定を容易に実現できる室内実験とは異なる。野外科学では「条件を揃えた繰り返し測定」は実現せず、100個の事例を調べれば、100の現場特性（地域特性・流域特性、豪雨・地震などのイベントの特性）があり、それぞれかかわる要因は一定ではないのである。統計的な前提も検定も容易でない。こ

のような野外科学においては、実験計画法に基づいた仮説検証型研究は困難であり、仮説をたてない科学としての思考が必要である。

　森林水源涵養機能論の研究においても、植生の異なる二つの小流域からの河川水の流出特性の違いが植生の影響によるのか他の要因がかかわるのかしばしば議論となり、明快な決着をつけられずにいる（例えば、エメンタール試験地）。

　川喜田（1967）は「（野外科学では）多角的な角度から、多様な情報を集めるほうがよい。（中略）実験科学における情報集めとは根本的にちがう点である。」と記し、仮説探索型の研究の重要性を指摘している。箕浦（1999）は、普遍的な法則の発見を目的として測るために条件を統制する研究を実証主義と呼んで批判し、仮説生成型の研究を推進している。これらの提案は、近代科学を過信し仮説検証型研究を採用して迷走した森林水源涵養機能論の研究にとって、よきアドバイスとなる。

　仮説検証型の研究では、注目する要因以外の情報を記述しなかったり、注釈付きで発信すべき情報から注釈を取り去ってしまったり、個々の事例の特性を無視して「最大公約数的な記述」のみが解析に採用されるなど、野外科学の近代科学への無理な適用があった。仮説探索生成型研究に重心を移していくためには、現象を単純化しない、要因を減らさない、条件を理想化しない、少数の基礎式に帰結させない、という工夫、すなわち、注釈とともにデータを使用し、注釈とともに理論を適用するという姿勢が必要となる。次章では、森林水源涵養機能論における注釈を重視した研究への移行を展望する。

第Ⅶ章

社会に受け入れられる注釈重視科学

1．伝えるコミュニケーションの必要性

　近年、「(一見) わかりやすい説明」がもてはやされている。60秒間での鮮やかな解説、文章での説明を減らしカラー写真や駒絵を多用したビジュアルなパンフレットやホームページが溢れている。複雑な要因がかかわる多様な現象についても、諸因子を省いた理想条件下における現象として、単純明快に説明される。さらに、劇場型の政策論争や事業仕分けなど、国民目線と称して簡潔な即答が誘導される。様々な条件下ごとに場合分けをした丁寧な詳細な説明よりも、簡潔な即答が歓迎される時代となった。しかし、「わかりやすく単純化した話」や「直感に訴える例え話」など現実の複雑さを省いた説明では、安易な紋切り型のイメージが一人歩きするだけである。18世紀のヨーロッパは啓蒙時代と称され近代科学をわかりやすく単純化した学習イベントや出版が流行ったが、やがてエンタテインメント化し現実の科学現象とは乖離していったというスタフォード（高山訳、1997）による科学史・文化史の分析は示唆に富む。

　「理解を助けるための典型例の提示」が、実は注釈付きで発信すべき情報から注釈を取り去ってしまっているのであり、「わかりやすく単純化した説明」が森林や水資源に対するステレオタイプを生み、「単純理想状態を想定した例」が神話をつくり、「最大公約数的な記述」が個々の事例の特性を無視することにつながりかねないことを危惧し、それを

防ぐためには、単純化しない、要因を減らさない、条件を理想化しない、少数の基礎式に帰結させない、という工夫、すなわち、注釈とともにデータを使用し、注釈とともに理論を適用するという姿勢が必要である。

現代社会では、国民目線での評価が重視され、精緻化された研究成果は額面通りの意味であることが求められる。精緻化された科学的成果の適用性が現場の諸条件（結びの情報）に左右されるという野外科学の難しさは、どのくらい受け入れられるのだろうか？　東日本大震災の直後の 2011 年 4 月に電通総研が実施したアンケート調査「震災後に顕著な、10 の生活者意識（電通調べ）」の結果、「情報質志向：わかりやすく、一見正しいように思える情報よりも、できるだけ本質的・実質的な情報を選んでいきたい。」という選択肢が、複数回答で 65.7％を獲得し第 6 位にランクインしていることは示唆に富む。

ここまで、森林水源涵養機能論に対して社会の認識が有する確固たる基盤と背景について概観してきたが、社会と研究者の認識の乖離の原因はこれだけではない。科学としての水源涵養機能論の研究の進め方にも問題があった。藤垣（2002、2007）は、「精緻化」や「理想化」が科学コミュニケーションを阻む問題点を指摘している。森林水文学の辿った道を振り返ればまさにそこに問題点の一端があった。近代科学に倣って精緻化を進めるべき科学ばかりでなく、野外科学のように「精緻化すべきでない科学」もあることを啓発し、森林水文学はまさにそうであることをアピールする科学コミュニケーションが必要なのである。

多要因が作用する複雑な現象については、フレーミング（問題を切り取る視点、知識を組織化するあり方、問題の語り方、状況の定義）、変数結節（何をもってある指標を近似し、どの値を代表値とするか）、「知識の状況依存性」（現場では「こういう前提条件」、という理想系が成立しない場合がある。）、や「定量化のプロセス」（藤垣、2007）が重要となる。これらについてこれまでの森林水源涵養機能論の研究のスタンスを例示

表-16　科学コミュニケーション論と森林水源涵養機能論

5つのポイント	森林水源涵養機能論における状況
①フレーミング	森林があれば、よいことばかり。
②妥当性境界	政策が先行し、十分な議論はされず。
③状況依存性	解析条件は理想化。
④変数結節	定量的発信はタブー。
⑤ローカルノレッジ	強固、システムとして機能。

すれば、表-16のようになる。

　科学コミュニケーションを進める上での問題には表-16に挙げたほかにも、以下のような森林特有の問題もある。これらを考慮した議論が必要である。

・先端科学の反対側（対極）に森林があるという思い込みからの期待
・対象とする大きさについての共通認識の欠如
　（「一つの」森林といっても 10m × 10m をさすことも 100km × 100km をさすこともある。）
・対象をみる視点についての共通認識の欠如
　（景観で着目されるのは森林の外観であり、自然史博物館のジオラマで製作されるのは森林内部であるというように、視点の位置も様々である。）
・多様なステイクホルダー（医学との違い）
　（医学の場合、一人の身体はその本人のものであり、検査や治療をうけるかどうかは、本人が決断してよい。森林は土地所有者だけのものではない。例えば、森林法は私有林に及ぶ。）

2．発信すべき注釈情報

　個々の試験流域では、降水や放射などの気象、標高、地形、地質、土壌、過去の履歴などの条件は様々であり、さらに流域試験で設定された

植生処理も破壊的な手法から保全的な手法まで様々な意図で実施されてきた。それにもかかわらず従来は、例えば針葉樹林と広葉樹林の違いのみに着目して総括されその結果が一般社会に対して発信され、それ以外の多様な流域条件や植生処理内容の相違については無視されてきた。森林の複雑さの多様性や多指標性が、森林に関する情報発信にどうかかわるのか考慮が必要である。森林の複雑さの多様性には樹種構成や樹木サイズの複雑さだけでなく、気象、標高、地形、地質、土壌、さらに過去の人為的影響の履歴や災害歴も含まれる。

1）森林の複雑さの多様性には樹種構成や樹木サイズの複雑さだけでなく、気象、地形、地質、土壌、さらに過去の人為的影響の履歴や災害歴など様々な要因が関与。（要因の多様さ）
2）森林にかかわる個々の作用のメカニズムを理想状態で説明しても、実際は、複雑な状態にある。（メカニズムの多様性・多重性）
3）上記1）と2）の結果、平均像を描く議論は、個々の現場の状況を必ずしも代表しない。（典型例の不在）

　上記のように、多くの事例で重なる要因を対象として解析が進められ、理解が進められてきた。個々の現場の要因は、事例の少なさを理由として、体系付けられることなく断片的なまま蓄積されてきたのである。学際的な野外科学における断片的な知見の蓄積をアピールし有効に活用していけるシステムの構築が必要であろう。

　調査計画の妥当性と透明性が要求される現代社会においては、数値的評価が困難である要因や基礎資料が整備されていない要因に着目することは、ますます困難となってきている。個々の森林の固有の特徴・履歴・人間社会とのかかわりなどを重視していくためには、精緻化された「交わりの森林情報」だけでは不十分であり、断片的な注釈を含めた「結び

の森林情報」を活用するシステムの構築が必要である。

　森林とか水文環境などのような自然とかかわる現象を対象とする分野においては、様々な特殊な要因がかかわる可能性があり、情報の蓄積の多寡だけで律速要因を抽出できない。他に例のないその現場だけの特殊事情（結びの情報）が大きく効いている場合もありうる。だからこそ調査の際は、予定していた項目だけではなく、観測者の五感と経験を活用し、加えるべき調査項目を探索し、必要なものは情報として発信していく必要がある。

　シミュレーションモデルにおいてパラメータが少ないということは、様々な条件を反映できないということである。計算尺や数表で現象を解析していた時代には、簡単な基礎式とか少ないパラメータという情報の単純化や現象の簡易化は必要だったが、コンピュータの発達した現代では、複雑で多くのパラメータを抱える関係式群も、数多くの場合分けも、コンピュータの得意分野であり、単純化・簡易化の必然性はない。だからこそ、その現場だけの特殊事情（結びの情報）をモデルに反映していくゆとりが求められる。データベースで設定された入力項目や数値化しやすい情報だけを用いて現場の条件を説明するのではなく、必要な情報を集積し発信していくことが重要なのである。

　注釈については、単純明解であることよりも、複雑詳細であることが必要である。本書では「科学・技術としての水源涵養機能論」の「科学・技術」という用語は、人文・社会・自然の各科学分野およびそれらの学際分野および融合分野も含めて用いているが、例えば人文科学分野の専門書を紐解けば、注釈だけを本文よりも小さな活字で詳記した頁が全頁数の半分ほどを占めることも少なくない。一方、自然科学分野の専門書では引用文献リストのほかにはわずかに脚注があるかないかという程度であることも多く、注釈を付す手法が定着していないように思われる。「科学・技術としての水源涵養機能論」を迷走させないためには、注釈

情報をどのように付けどう活用すべきかというノウハウの発展と向上が必要となる。

3．どのように発信すべきか
3．1．知のデジタル統合と野外科学

　研究者から社会への情報発信は、従来は、「科学的な精緻な研究成果」を、学術論文というお墨付きを得て発表してきた。「断片的で注釈だらけの研究成果」が発信されるという情報の流れは可能なのか？　主観的な情報や断片的な情報は公式に発信されにくい。その客観性を阻み不完全を強いている主な原因の一つは事例の報告の少なさにある。そこで公式には発信されにくい情報を収集し、点と点をつないで線とする機会を確保することにより、「非公式な断片情報に対して公式な発信に値する客観性や完全性を補うシステム」を実現したい。最近の学術雑誌のon-line 化により論文が HTML 化（ホームページ記載用の言語による表示化）され、論文中にリンクが張られ、関連情報を参照できたり、サプリメントファイルを参照できる雑誌もあり、詳細な注釈付き情報を保持し伝え参照することが現実的になってきた。断片的な情報については学術雑誌では査読者のフィルターがかかり弾かれてしまいかねない。断片的な情報の発信の場を築いていかねばならない。「結びの情報」を玉石混淆のインターネット情報に埋もれさせるのではなく、持続的に信用できる責任ある森林水文学の情報発信源を整備することが必要なのである。近年、「知の組織化」および「知の構造化」が提唱され、前者は図書館・博物館・文書館の書誌情報のデジタル統合を目的とし（渡邊、2010）、学術雑誌の電子化を利用して抽出した文言が書誌に付加されるなど、その学術研究に及ぼす影響は大きい。後者は東京大学により提唱され、細分化された学術領域を統合して学術用語の階層構造を視覚的に表現し、論文から文脈を自動抽出し多くの学術成果の中から有用な成果を抽出提

示するという構想が示されている（小宮山、2007）。

　「知の組織化」および「知の構造化」では、学術研究は"精緻"であり知見は明確に定義され上位・下位概念を有することが前提とされ、精緻化された研究成果は額面通りの意味であることが求められる。ここでは、個々の情報は樹枝状に構造化された知の体系上に位置づけられることを前提に、テキストマイニングやオントロジーなどの情報自動解析手法を駆使して学術論文の文脈が自動抽出される。ここでも精緻化された研究成果は額面通りの意味であることが求められ、断片的な情報や曖昧にみえる情報は弾かれてしまう。しかし、現場科学においては様々な要因が複雑に関与し、"精緻"な実験や観測は容易ではない。野外科学においては同一の用語がコミュニティにより様々な定義で用いられることも多く、階層構造の上位・下位も分野によっては入れ替わるなど、学術用語の階層構造を前提とできない場合も多い。

　森林の多指標性については、例えば森林を二分する組み合わせにしても、「針葉樹林」と「広葉樹林」とする組み合わせ、あるいは「常緑樹林」と「落葉樹林」とする組み合わせ、または「天然林」と「人工林」とする組み合わせ、もしくは「樹高20m以上の森林」と「樹高20m未満の森林」とする組み合わせ、または「林冠が閉じている森林」と「閉じていない森林」とする組み合わせ、あるいは「胸高断面積合計が$20m^2$/ha以上の森林」と「$20m^2$/ha未満の森林」とする組み合わせ、もしくは「複層林」と「単層林」とする組み合わせ、または「葉面積密度3.0以上の森林」と「3.0未満の森林」とする組み合わせ、などまだまだ記しきれない。ここに挙げた表現方法はいずれも樹木に着目したものであるが、森林は単に木が集まったものではないという指摘もしばしばなされる。もともと樹木は寿命が尽きれば枯死するものであり、人工林では伐採植栽が繰り返される。「優良林地」を条件づけているのは、樹木ではなく、気候や水文や土壌の条件だという指摘である。さらに、「森林の状況」

とは 10m × 10m の広さについて記述するのか、「1 km × 1 km」の広さについてなのか、「200km × 200km」の広さについてなのか？　こういう空間のスケールによっていろいろな状況が入り混じったりして「森林の状況」は様々な様相をみせる。時間スケールによっても「森林の状況」は様々な様相をみせる。こういう森林の多指標性を踏まえ、まず森林の表現方法は実に様々であることを伝えることが重要であろう。

　森林は、個体ではなく生物・非生物の集合体であり、かつ空間である。それをどの時空間レベルで精緻化すればよいのか、どんなスケールで森林を捉えるべきか、ということについての多様な見方が尊重されるべきである。現場科学の個々の情報を樹枝状に構造化しようとしても、森林水文学の上位概念は森林学なのか水文学なのかという点ですら見方は様々であろう。森林水文学など野外科学においては科学的成果の適用性が現場の諸条件に左右されるが、このことは精緻化された科学成果の整理統合において混乱を招きかねない。

　その際、様々な要因が関与する自然現象を無理に精緻化するために、結びの情報を削ぎ落として研究成果の構造化が推進されるのだとすれば、それはまさに野生の自然現象を飼い馴らし人間社会に都合のよいものに仕立て上げようという行為にほかならない。田中ら（2013）は、「現場科学の諸現象を精緻化を迫る眼差しから解き放ち、多様な要因が関わるという自然現象の真の姿を直視すること」の重要性を指摘し、それを「知の野生化」（Knowledge Unsophisticating）と呼んでいる。

3.2. 情報をそぎ落とさない注釈情報の発信

　現場の様々な要因がかかわる野外科学では、現象を単純化し解析する研究から、多様な現実を示す注釈をデータにも理論にも付加して扱い解析していくという研究へとシフトすべきである。インターネット上で注

釈情報が発信・伝達・受容される機会は増えてきた。しかし、情報を必要とする人のもとに情報が届くかどうかが重要である。いくつかの方法が実施されている。ａ）情報受容者が検索エンジンなどを使用し「自力」で情報収集、ｂ）情報発信者と受容者がコミュニティーを形成して情報交換、ｃ）情報格付機関による情報の仕分けとデータベース化、などがある。これらの注釈情報の扱いについてみてみよう。まずａ）の検索エンジンであるが、頻度順で検索結果が表示されるわけではなく、「検索者が満足できる確率の高い検索結果」が表示される仕組みとなっているそうである。そのため、「自力」で検索しているつもりでも、断片的な情報や流行らない情報はあらかじめ弾かれてしまっている。ｂ）のコミュニティーの形成であるが、その一つである学術雑誌のオンライン化では、論文中にリンクを張ることや雑誌ホームページ上にサプリメントファイルを置き詳細な現地情報を掲載することも実現してきており、データや理論に関する詳細な注釈をつけることが可能となりつつある。しかし、そこでやり取りされる情報は論文査読者のフィルターを経た「精緻化」された情報の場合が多い。断片的な情報を伝達するためには、断片的な情報を弾かない多様な価値観に基づく柔軟なシステムが望ましく、トップダウン的な情報の流れだけでなくボトムアップ的なフィードバックや拡張性が必要である。

　藤垣は精緻化された科学的な情報が科学者コミュニティーのスタンス次第であることを状況依存性や妥当性境界の用語を用いて明快に説明している。注釈情報の扱いにおいても、そのスタンスは科学者コミュニティー次第であろう。規模が小さければ内輪の情報に留まり、規模が大きければ玉石混淆となってしまう。注釈情報を伝達するためには工夫が必要であり、インターネットで情報を発信しさえすれば自ずと必要とする人が受容してくれると期待するのは楽観的すぎる。インターネットで流れる情報には、教科書に記載された情報の部分的引用、様々な伝聞・

憶測もあれば、勘違いによる誤った情報、さらには意図的に歪曲された情報も、まともな情報とともに混在して流れうる。こういう玉石混淆の情報社会に、「非公式な断片情報」が流出すれば勝手な解釈や関連づけ・曲解などによりたちまち信頼できない情報と化し社会の混乱を招きかねない。したがって、「非公式な断片情報に対して公式な発信に値する客観性や完全性を補うシステム」が必要となる。

　断片的な情報を発信していく際、情報の分類やスペックなどをメタ情報として付加するという考え方もある。データベースへの構造的な格納や検索時の便を考えれば、メタ情報に必要な項目を挙げておくという考え方はあるであろう。しかし、これには二つの問題がある。一つは、情報発信の際に詳細なメタ情報の付加を伴おうとすればその作成が負担であるために情報発信を抑制してしまうこと。もう一つは、メタ情報が情報内容の解釈を限定しその伝播や重ね合わせや展開の際に余分なバイアスを与えてしまうことである。これらの問題を考えれば、メタ情報はトップダウン的な筋書きを持った付与に限定すべきではなく、ボトムアップ的な要素も加えた自由自在なものがよく、発信時にはメタ情報が欠けていても構わないほうがよい。そもそも野外科学においては、100ヶ所の現場を測れば100ヶ所の現場特性が表れ、個々の現場の要因は、事例の少なさを理由として、体系付けられることなく断片的なまま蓄積されてきたのである。こういう野外科学における断片的な知見の蓄積を発信しうるシステムを構築していかねばならない。

　発信後の断片的情報の仕分けやデータベースへの格納時の分類にも注意が必要である。近世ヨーロッパにおいて百科事典が考案された際、まず類似の内容のものを系統的に順に並べるという方法が採用されたが、やがて学問分野の拡がりと類似関係の複雑化のため破綻し、アルファベット順が採用されることになった。現在でも図書館における蔵書の配架や、大学の学部学科という組織は類似関係に着目した系統的な編成と

なっているが、森林学や水文学の研究は多くの学問分野にわたっており、系統的編成は類似性を表現しきれていない。アルファベット順の並びは「愛」のすぐ隣に「悪」や「飽く」などの異質なものが並んでしまい関連事項の参照には不便であり、また個々の見出し語に対する説明の独立性・完結性が高まる点も注釈情報の伝達に不利であった。

　書籍通販大手のアマゾン社では倉庫の本の並びはアルファベット順でも系統順でもないそうである。本の書名と倉庫内における物理的位置がコンピュータ上で管理され、利用者はインターネットで同社のホームページにアクセスすることにより書籍を検索し関連情報を参照しさらに書籍の本文を任意のキーワードで検索しヒットしたページを立ち読みすることも可能となってきている。また、最近の学術雑誌の on-line 化により論文が HTML 化され論文中にリンクが張られ関連情報を参照できるようになってきた。このような技術の進歩や利用環境の改善により、「科学・技術としての水源涵養機能論」の研究においても詳細な注釈付き情報を保持し伝え参照することが現実的になってきた。

4．重ね合わせのシステム

　単純理想状態を前提とせず、メカニズムや要因の多様性を視野に入れ個々の現場情報ごとの特性を重視した具体的な取り組みを展開していくためには、蓄積の少ない調査項目の採用を支援していくシステムが必要となろう。そのシステムとは、観測者の五感と経験など主観的な情報や断片的な情報を重ね合わせ、客観的で定量的なものに変換し有効に活かす仕組みである。

　かつて昭和の時代には、根拠を客観的に説明できない事例における「担当者の判断」が尊重されることがあったときく。テレビの刑事ドラマでは、しばしば経験豊かな老刑事の判断が最先端の科学捜査に優るという設定がある。それらは断片的な情報が担当者の経験を通じて集積される

ことにより客観性や完全性が確保され妥当な判断を可能にしていた。

現代社会では「担当者の判断」は「担当者の匙加減次第」と同一視されることを危惧し避けられ、替わりに判断の透明性や説明責任が重視されるようになった。しかし、その際に客観的な情報や定量的な情報に説明根拠を限定してしまうと、その条件を満たせない事例については何ら判断をすることができなくなってしまう。「非公式な断片情報に対して公式な発信に値する客観性や完全性を補うシステム」は、いわば昭和の時代に担当者の頭の中で処理されていた主観情報・断片的な情報の重ね合わせを、透明性を確保した場で自律的に進めるシステムである（図－6）。

個々の森林の固有の特徴・履歴・人間社会とのかかわりなどを重視し、要約だけの「交わりの森林情報」から注釈を含めた「結びの森林情報」への転換を実現するためには、断片的な情報の重ね合わせによる客観性の獲得が必須であり、それは人が担うのではなくシステム（「非公式な断片情報に対して公式な発信に値する客観性や完全性を補うシステム」）として整備する必要がある。

図－6　断片情報を重ね合わせて、客観性や完全性を補うシステムの概念
昔は担当者の頭の中の職人芸（左）、将来は透明性を確保して自律的に実施（右）

第Ⅶ章　社会に受け入れられる注釈重視科学

　「交わりの森林情報」から「結びの森林情報」への転換を図るためには、蓄積の少ない調査項目であっても無視することなくその採用を支援していくシステムが必要となる。それは観測者の五感と経験を客観的で定量的なものに変換する仕組みであり、主観的な情報や断片的な情報を有効に活かす仕組みである。

　主観的な情報や断片的な情報は公式に発信されにくい。しかし、その客観性を阻み不完全を強いている主な原因の一つは事例の報告の少なさにある。

　そこで公式には発信されにくい情報の発信を支援し、点と点をつないで線とする機会を確保することにより、「非公式な断片情報に対して公式な発信に値する客観性や完全性を補うシステム」を実現したい。

　玉石混淆のインターネット情報に埋もれさせるのではなく、持続的に信用できる責任ある森林水文学の情報発信源を整備することが必要である。そこでは、注釈情報を貯え有機的なリンクを付して発信する。発信される情報は on-line 学術雑誌からリンクを張れるに値する信用性と（サイトのアドレスの）恒久性を保持し、また「思想・文化としての水源涵養機能論」や「政策・制度としての水源涵養機能論」から参照できるだけの説明責任を有し、さらには教科書から参照できるだけの門戸の広さを確保したい。従来にない重要な特徴は、1）玉石混淆のインターネット情報に埋もれさせない信用性、2）説明責任を満たすのに必要な注釈情報の網羅性、である。この特徴をもった「非公式な断片情報に対して公式な発信に値する客観性や完全性を補うシステム」は、恒久性のある組織によって担われるのを待つのではなく、個々の研究機関からそれぞれが担ってきた研究資産について試行を着手していけるものである。必要なのはこのような地道な試行を業績として学術雑誌に取り上げ紹介し応援できる体制をつくり、さらに on-line 学術雑誌からのリンクを促進し、注釈付きデータや注釈付き理論を用いた学術活動を定着させていく

ことであろう。

　主観情報・断片的な情報の発信の可否および重ね合わせのマッチング判定を、単一の価値観で実施してしまうと、弾かれた情報は活かされない。できるだけ多くの価値観で試みるべきである。すなわち単一の価値観のトップダウンによるシステムではいけない。ワインバーガー（柏野訳、2008）はブリタニカ百科事典とウィキペディアを比較し、ボトムアップによる後者が種々雑多な情報の巨大な保存庫であり、必要としたその瞬間に必要とするその形に正確にまとめることができるという利点を指摘している。ワインバーガーはさらに、uBio プロジェクトや PenTags プロジェクトなどいくつかの優れたボトムアップ型のシステムを紹介している。

5. 信頼性の確保

　現在、インターネットの普及により玉石混淆の情報が社会にあふれている。教科書に記載された情報の部分的引用、様々な伝聞・憶測もあれば、勘違いによる誤った情報、さらには意図的に歪曲された情報も流れる。有用な情報もあれば信頼できない情報もある。こういう玉石混淆の情報社会に、「非公式の断片的な情報」が流出すれば、勝手な解釈や関連づけ・曲解などによりたちまち信頼できない情報と化し社会の混乱を招きかねない。したがって、「非公式の断片的な情報」を発信するための専用のサイトが必要となる。それが「非公式の断片的な情報に対して公式な発信に値する客観性や完全性を補うシステム」である。

　そこでは無責任な解釈や悪意ある情報変形を排除する仕組みが必要であろう。発信を希望する情報や関連する情報の掲載の審査は必要であるが、断片的な情報を審査することは非現実的である。そこで掲載前の審査は、情報提供源の不明確なものを排除する程度に留め、実質的な審査は、掲載後の評価データを付加し情報受容者自身の判断を支援すること

により実現する方法が現実的であろう。付加情報は、（イ）情報源とその信頼格付け、（ロ）引用者・事例とその信頼格付け、（ハ）被引用者・事例とその信頼格付け、（ニ）参照状況、などが考えられる。

　評価データのうち、被引用については、特に学術論文や政府資料などでポジティブに引用された履歴はその情報の信頼性の判断材料となるが、批判などネガティブな評価の被引用履歴も同様に重要である。現状では引用にポジティブ・ネガティブの区別の注釈はつけられていないが、今後の導入を期待したい。また、参照状況は、「この情報を見た人の多くはこっちの情報もみています」という類の情報である。

　信頼性について既存のデジタル情報サイトと比較してみよう。国立国会図書館は法律（国立国会図書館法）で規定された機関であり、そのデジタル情報サイトでは、実存する（あるいは実存した）出版物を情報源としているが、掲載内容に対する審査はない。付加情報（ロ）〜（ニ）も提供されない。ネット書店の書誌情報では、実存する出版物を情報源とし、内容については利用者による評価の投稿が掲載されるが、その信頼性は保障されていない。付加情報の（ロ）〜（ハ）の情報は提供されないが（ニ）のサービスは実施されている。一方、オンラインジャーナルの場合は、その雑誌が初出となるが、掲載内容は査読済という保障がされている。付加情報（ロ）〜（ニ）もオンラインでリンクが張られるなど機能的に明示されるようになってきた。しかし、論文審査の際、断片的な情報は排除されてしまうという問題を孕んでいる。グーグルスカラー（Google Scholar）という学術サイトに限定したインターネット検索サービスや図書館リポジトリ（論文の最終稿を公開する図書館サービス）などは発展段階にあるが、断片的な情報の発信と重ね合わせを積極的に促進するような仕掛けは特に用意されてはいない。

　信頼性判断の際、常識的な判断（ステレオタイプの場合もある）が勢いを持ち、断片的な情報が弾かれることになりかねない。専門知識や実

務経験を有する参加者を助言者（キュレーター）として認定し、それなりの発言力をそれなりの責任感とともに行使していただく。彼らはおのおのの信念に従って積極的にタグをつけ、重ね合わせの手助けに貢献していただく。政策的な判断が一機関の一担当部署に任されている状態では、断片情報の発信の促進は成功しない。責任を負っている担当部署が情報の発信側だけに留まる状態では断片情報を発信することはできないであろう。そこで政策的な判断を助言する外部組織を形成し、そこが「非公式な断片情報に対して公式な発信に値する客観性や完全性を補うシステム」から発信される情報を受容し反映させる役目を担い、責任の一端を負うことにより、担当部署からの断片的な情報の発信を促したい。したがって、新システムの設置は、こういう助言集団の定着とセットで考える必要があろう。

　一般市民の地域保全への関心の高まりおよび団塊世代のOB化という現代の状況を踏まえれば、高い処理能力と豊富な経験をもった助言集団の形成は十分に現実的である。森林や地域保全問題への対応の担い手として、旧来の行政の担当部署や企業の担当者にすべてを委ねるのではなく一般市民が参加する助言集団が機能していくことを期待したい。断片的な情報に関する「自律的な信頼獲得」や「自律的な重ね合わせの促進」を実質的に牽引していくのも、この助言集団となろう。

第Ⅷ章

まとめ

　本書では、近代日本社会における森林水源涵養機能をめぐる動きについて考察を進めてきた。1883年の大日本山林会報告に掲載された「樹木ヲ伐ツテ水源ヲ涸ラスノ説ハ舶来ニアラズ」というタイトルの論説は、水源涵養機能が舶来の論理であると思われかねない状況が当時あったことを色濃く示唆するものであった。明治初期の伝統軽視の時代、森林水源涵養機能論はどのようにして生き残り得たのか？　あるいは生き残れず舶来の思想に置き換わられてしまったのか？　本書では、「思想・文化」、「政策・制度」、「科学・技術」という3つの水源涵養機能論から検討を進めた。

　江戸時代に有されていた「政策・制度としての水源涵養機能論」は、明治維新とともに立ち消え山林は混乱し荒廃が進んだが、それは「思想・文化としての水源涵養機能論」と化して記憶や風習には残った。1871年の民部省第二十二号布達や1882年の太政官布達第三号など森林水源涵養を前提とした政策は、諸外国、特にイギリスやアメリカに比べれば遥かに先進的であり、フランスには遅れるもののドイツや英領インドと同時代的に進行していた。1884年の万国森林博覧会を報じたネイチャー誌の記事では、日本の林業および森林科学が、英国を含めた多くの国々よりも先進的であることが報じられている。そして1897年の森林法の制定は、博覧会担当のお雇い外国人ワグネルから突きつけられた「日本帝国に山林保護の方法はあるのかないのか？　もしあるのなら如何なる

性質なるものか？」という問いかけに対する完全解答であり、この「政策・制度としての水源涵養機能論」のアピールは国威高揚をめざす日本政府として必要なものであった。残るは「科学・技術としての水源涵養機能論」のアピールであるが、その実現は容易ではなかった。その一つの動きとして本書では第三回内国勧業博覧会に出品された「水源涵養土砂扞止方案」の山梨県中巨摩郡の事業に着目したが、その実態は森林水源涵養機能を前提とした植林事業であって、森林と水源涵養機能のブラックボックス的な関係把握の中身を解明するものではなかった。

明治期の森林水源涵養機能論をめぐる状況を、思想・文化、政策・制度、科学・技術という3軸の構造から分析した結果、研究者が社会の後追いをするという状況下で森林水源涵養機能の科学的な説明を迫られてきたという構図が明らかとなった。そしてその際、「舶来の西洋近代科学」を用いて水源涵養機能論を科学的に証明しようとしたことにこそ、混迷の原因があったのである。メカニズムの解明と実測データに基づく検証をめざし研究が進められたが、それは様々な要因が作用する複雑な現象を分解し着目する要因だけを取り出して計量し計算し説明するという近代科学の正攻法であり、解明された素過程をメカニズムに基づいて組み立てれば森林水源涵養機能が説明できるはずであったのである。しかし、近代科学を用いても森林水源涵養機能をなかなか説明できず、先人たちは戸惑いを隠してはいない。

多くの流域に共通する「交わりの情報」だけを拾って精緻化した結果を得ても、現場に応用する際には個々の流域のもつ「結びの情報」の影響を考慮しなくてはいけない。化学プラントなどの人工空間での応用を前提とする科学とは違い、森林水文学のような野外科学では精緻化した条件下の成果を得ても、現場に応用する際には精緻化しえない現場条件に適用せざるを得ないのである。

森林水文学における百数十年の社会と研究者の認識の乖離の原因に関

第Ⅷ章　まとめ

する以上の論考を踏まえ、森林水文学がさらなる乖離を繰り返さないためには、どうすればよいのか。このような問題意識から、科学と社会の認識の乖離を解消するための研究方向・研究方針を検討した。

　まず、科学が社会の後追いをするという状況を打破するためには、社会から突きつけられる Yes ／ No 型の即答には応じないという姿勢が重要である。続いて「精緻化」する科学から「全てを背負う」科学への転換が必要である。データの一人歩きを回避し、注釈を付加した発信、断片的であっても精緻化しない発信、すなわちコンテンツよりもコンテキストを重視する姿勢を貫かねばならない。

　今後の「科学・技術としての水源涵養機能論」に関する研究は、単純な汎用性ある基礎式を求めるのではなく、注釈をつけたデータと注釈をつけた理論を用いて進められるべきであり、本書では、注釈付き情報の信用維持および注釈付き情報の保存・発信・活用の具体的方策を提案した。

　舶来の近代科学が様々な要因が関与する自然現象を精緻化し飼い馴らそうとしたのだとすれば、今こそ、諸現象を精緻化から解き放ち、その真の姿を直視すること、すなわち「知の野生化」（Knowledge Unsophisticating）が、森林水源涵養機能論の議論に必要なのである。

おわりに

　本書では、森林と水との関係を例として、近代科学的な捉え方とは一体、何だったのか、を振り返った。明治期の森林水源涵養機能論をめぐる状況を、思想・文化、政策・制度、科学・技術という3軸の構造から分析した結果、研究者が社会の後追いをするという状況下で森林水源涵養機能の科学的な説明を迫られてきたという構図が明らかとなった。

　このような「科学技術が社会の後追い」という構図は、現代における地球温暖化問題や巨大地震対策にもみることができる。後追いの科学技術が陥りがちの安易な即答や単純比較の回答が議論の混迷を招くことを、森林水源涵養機能論の百数十年の迷走から学ばねばならない。

　森林とか水文環境などのような自然とかかわる現象を対象とする分野においては、様々な特殊な要因がかかわる可能性があり、情報の蓄積の多寡だけで律速要因を抽出できない。他に例のないその現場だけの特殊事情（結びの情報）が大きく効いている場合もありうる。だからこそ調査の際は、予定していた項目だけではなく、観測者の五感と経験を活用し、加えるべき調査項目を探索し、必要なものは情報として発信していく必要がある。

　科学が社会の後追いをするという状況を打破するためには、社会から突きつけられるYes／No型の即答には応じないという姿勢が重要である。「精緻化」する科学から「すべてを背負う」科学への転換が必要である。データの一人歩きを回避し、注釈を付加した発信、断片的であっても精緻化しない発信、すなわちコンテンツよりもコンテキストを重視する姿勢を貫かねばならない。

　現代社会では、国民目線での評価が重視され、精緻化された研究成果は額面通りの意味であることが求められる。精緻化された科学的成果の

適用性が現場の諸条件(結びの情報)に左右されるという野外科学の難しさは、どのくらい受け入れられるのだろうか?

社会から突きつけられるYes / No型の即答には応じないことは可能か? データのコンテキストの注釈を丁寧に説明する姿勢を、はたして社会は受容してくれるのだろうか? その可能性を示す兆しを二つ指摘したい。

2011年3月の東日本大震災でクローズアップされたように、科学的な見解は決して絶対的なものではなく、また想定外という言葉に象徴されるように、科学的な解析は決してすべてのケースを網羅しているわけではなかった。本文でも触れたが東日本大震災の直後の2011年4月に電通総研が実施したアンケート調査「震災後に顕著な、10の生活者意識(電通調べ)」の結果、「情報質志向:わかりやすく、一見正しいように思える情報よりも、できるだけ本質的・実質的な情報を選んでいきたい。」という選択肢が、複数回答で65.7%を獲得し第6位にランクインしていた。注釈を丁寧に説明する姿勢は、少なくとも観念的には受容されつつあると思われる。

では、今後、コンテキストへの関心が高まり注釈情報を踏まえた議論や注釈情報の交換が社会的に受容されるのであろうか? 2013年4~9月に放映されたNHK番組(朝ドラ)「あまちゃん」に注釈文化定着のきざしをみることができる。同番組は脚本の構成力と散りばめられたオマージュやパロディー、役者のキャスティングや演技力、震災・復興を丁寧に前向きに描いている点などがヒットの要因として指摘されているが、特に、オマージュやパロディーを読み解く多くのブログが立ち上がり活発な情報交換が番組放映の半年間持続したことに注目したい。番組から発信される謎に満ちた断片的な情報に対して視聴者らが注釈情報を持ち寄り検証し合い各自が注釈情報を取捨選択して解釈を深めるということが実現しているのである。

これらのボトムアップ的な動きを、研究者と社会との注釈情報交換に置き換えることができれば、本書で期待をよせた注釈文化受容社会は実現可能であろう。こういう形の議論を前提とできれば科学者からも近代科学に拠らない情報発信が増えてくると期待したい。

謝　辞

　本研究の一部は（財）河川環境管理財団の 2009 年度河川整備基金助成事業によって実施した。2010 年 2 月に東京大学生産技術研究所の沖大幹教授主催の「≪水科学技術≫のイノベーションとは?!『水科学技術基本計画』最終とりまとめへ向けた討論会」に参加後、「最大公約数の議論からの転換が必要」という著者の主張に対して沖教授からポジティブなコメントをいただいた。このことが本研究を進展させていこうという大きな励みとなった。

　日本森林学会 2011 年大会においてテーマ別シンポジウム『森林水源涵養機能の研究方向・研究方針を問う―「交わりの流域情報」から「結びの流域情報」への転換―』を企画した。2011 年 3 月の東日本大震災の影響で大会は中止となったが、多くの方と問題意識を共有できた。2011 年からは砂防学会公募研究会に「砂防学における知の野生化」が採択され、本書で提言した柔軟な情報発信の具体化や情報の重ね合わせに歩を進めることができた。2013 年の森林水文ワークショップ（企画者：東京大学生態水文学研究所の蔵治光一郎所長）では話題提供の機会をいただき、多くの反響を得た。このことが本書を早くまとめなくてはというきっかけとなった。

　本書は、水利科学誌に掲載された 4 編の論文を再構成し加筆したものであるが、それらの投稿前の原稿を、小松　光氏、村上茂樹氏、細田育広氏、蔵治光一郎氏、田中延亮氏、戎　信宏氏に読んでいただき多くのアドバイスと激励を頂いた。またそれらの執筆に際して森林総合研究所の釜淵・宝川・竜ノ口山・去川の小流域試験地を見学させていただき、玉井幸治氏、野口正二氏、山田　毅氏、坪山良夫氏、清水貴範氏、細田育広氏、浅野志穂氏、壁谷直記氏にたいへんお世話になった。

服部重昭名古屋大学名誉教授、太田猛彦東京大学名誉教授からは様々なご教示と激励を頂いた。大日本山林会の小林富士夫名誉会長および同文献センターの高久安雄氏には明治時代の資料探索に際して助けていただいた。東京医科大学友田燁夫教授からは貴重な文献をいただいた。山梨県森林総合研究所足立氏および山梨県立図書館調査サービス担当水上氏からは貴重な情報をいただいた。名古屋大学中央図書館および名古屋大学大学院生命農学研究科図書室からは稀少資料の探索・閲覧に際してお世話になった。

　水利科学誌編集部の渡邉　悟部長と日本林業調査会の辻　潔社長からは出版に向けて様々なご助力を頂いた。

　多くの方の御蔭で研究を進め成果をまとめ発信することとなった。ここに記して深く謝意を表します。

引用文献および解析に使用した文献（和文）

匿名（1883）樹木ヲ伐ツテ水源ヲ涸ラスノ説ハ舶来ニアラズ．大日本山林会報告，15号，157-158．

足立泰三（2008）近代ドイツの自然科学にみられる知的風土．植物遺伝育種学者の足跡を辿りつつ．大阪公立大学共同出版会，堺市，pp.71．

相原幸一（1989）テムズ河．その歴史と文化．研究社出版，東京，pp.346．

ベーコン，フランシス（桂　寿一訳，1978）ノブム・オルガヌム．岩波書店，東京，pp.253．

バーク，ピーター（2000，井山・城戸訳，2004）知識の社会史．知と情報はいかにして商品化したか．新曜社，東京．pp.409．

ビスワス，アシット（高橋裕・早川正子訳，1979）水の文化史：水文学入門．文一総合出版，東京．pp.404．

ブラウン，ジョン・シーリー・ドゥグッド，ポール（宮本喜一訳，2002）なぜITは社会を変えないのか．日本経済新聞社，東京．pp.365．

カルダー，イアン（蔵治光一郎・林裕美子監訳，2008）水の革命．森林・食料生産・河川・流域圏の統合的管理．築地書館，東京，pp.271．

クロスビー，アルフレッド，W.（小沢千恵子訳，2003）数量化革命．ヨーロッパ覇権をもたらした世界観の誕生．紀伊国屋書店，東京，pp.353．

大日本山林会報告（1884）万国森林博覧会余聞．大日本山林会報告25，163-169．

大日本山林会報告（1884）万国森林博覧会余聞．大日本山林会報告27，288．

大日本山林会報告（1884）英国森林博覧会出品目録並解説．大日本山林会報告30，40-51．

大日本山林会報告（1884）英国森林博覧会出品目録並解説．大日本山林会報告31，103-111．

大日本山林会報告（1884）万国森林博覧会開場式．大日本山林会報告31，

113-121.

大日本山林会報告(1884)壱丁堡万国森林博覧会景況. 大日本山林会報告 32, 180-188.

大日本山林会報告(1884)壱丁堡万国森林博覧会景況. 大日本山林会報告 33, 240-248.

大日本山林会報告(1884)壱丁堡万国森林博覧会景況. 大日本山林会報告 34, 301-305.

大日本山林会報告(1884)英国森林博覧会褒章. 大日本山林会報告 35, 351-352.

大日本山林会報告(1890)山林審査摘要. 大日本山林会報告 102, 49-51.

第三回内国勧業博覧会事務局(1891)第三回内国勧業博覧会審査報告第3部. 第三回内国勧業博覧会事務局 pp. 424.

第三回内国勧業博覧会事務局(1891)明治二三年第三回内国勧業博覧会審査報告摘要. 第三回内国勧業博覧会事務局 pp. 123.

第三回内国勧業博覧会事務局(1891)第三回内国勧業博覧会褒章薦告文. 第三回内国勧業博覧会事務局 pp. 524.

電通総研(2011)「震災一ヶ月後の生活者意識」調査.
http://www.dentsu.co.jp/news/release/2011/pdf/2011040-0427.pdf

土木学会外人功績調査委員会(1942)明治以後本邦土木と外人. 土木学会, pp. 297.

ドヴェーズ, ミシェル(猪俣禮二訳, 1973)森林の歴史. 白水社, 東京, pp. 159.

遠藤泰造(2002)森林の水源涵養機能に関する論争史(Ⅰ). 水利科学, 268, 54-88.

FAO(松尾兎洋訳, 1965)森林の公益的効用. 水利科学研究所, 東京. pp. 299.

フーコー, ミシェル(1966, 渡辺一民・佐々木明訳, 1974)言葉と物. 人文

科学の考古学．新潮社，東京．pp. 475.

藤垣裕子（2002）「現場科学の可能性」In 小林傳司（編著）公共のための科学技術．玉川大学出版部，町田，204-221.

藤垣裕子（2003）専門知と公共性―科学技術社会論の構築へ向けて．東京大学出版会，東京．pp. 240.

藤垣裕子（2007）「知識・権力・政治」In 小林信一・小林傳司・藤垣裕子（編著）社会技術概論．放送大学教育振興会，東京．139-152.

藤垣裕子・廣野喜幸(2008)科学コミュニケーション論．東京大学出版会,東京．pp. 284.

古井戸宏通(2007)フランス林政における「水と森林」の史的展開序説．水資源・環境研究 20, 73-86.

我部政男(1980)明治十五年明治十六年地方巡察使復命書(上)三一書房,東京. pp. 769.

グレイザ―・ストラウス(後藤隆ら訳 1996)データ対話型理論の発見．新曜社,東京．pp. 384.

八戸道雄（1894）林業講和要領．埼玉県内務部，浦和町，pp. 56.

博覧会倶楽部（1928）海外博覧会本邦参同史料．フジミ書房，東京．

橋田浩一・和泉憲明（2007）オントロジーに基づく知識の構造化と活用．情報処理学会誌 48（8），843-848.

ハーゼル（山縣光晶訳，1996）森が語るドイツの歴史，築地書館，東京，pp. 283.

平野 栄・山本正夫（1877）明治十年内国勧業博覧会出品解説．In 明治文献資料刊行会（1963）明治前期産業発達史資料第7集（4）．明治文献資料刊行会，東京．

広島山林学研究会（1883）広島山林学研究会報告第一号．広島山林学研究会，広島，pp. 12.

ヘルマント, J. 編著（山縣光晶訳,1999）森なしには生きられない : ヨーロッ

パ・自然美とエコロジーの文化史．築地書館，東京，pp. 227.

萩野敏雄（1997）ドイツ林学派外交官とフランス林学派日本画家．青木周蔵と高島得三（北海）．学士会会報816，69-73.

本多静六ら（1935）森林治水事業促進座談会．大日本山林会誌山林，635号，56-89.

細田育広・大丸裕武・村上 亘・北田正憲・齋藤武史（1999）釜淵森林理水試験地観測報告1・2号沢試験流域．森林総合研究所研究報告376, 1-52.

細田育広・村上 亘（2006）釜淵森林理水試験地観測報告－1・2号沢試験流域．森林総合研究所研究報告398, 99-118.

飯田 操（2000）川とイギリス人．平凡社，東京，pp. 272.

イッテルン, W. H.・プロシャンスキー, H. M.・リヴリン, L. G.・ウインケル, G. H.（望月 衛訳，1977）環境心理の基礎．彰国社，東京，pp. 365.

今橋理子(1995)江戸の花鳥画．博物学をめぐる文化とその表象．スカイドア，東京．pp. 485.

今橋理子（1999）江戸絵画と文学．〈描写〉と〈ことば〉の江戸文化史．東京大学出版会，東京．pp. 361.

伊藤真実子（2008）明治日本と万国博覧会．吉川弘文館，東京，pp. 225.

神宮司庁編（1896-1914）古事類苑．神宮司庁，宇治山田．

カーニイ, H.（中山 茂・高柳雄一訳，1983）科学革命の時代．コペルニクスからニュートンへ．平凡社，東京，pp. 263.

川喜田二郎（1967）発想法．中央公論社，pp. 220.

河村幸次郎・酒井忠康・由水常雄（1987）高島北海とガレ．知られざる北海の実像とアール・ヌーボー．目の眼，131号．p. 6-25.

川瀬善太郎（1903）林政要論（全）．有斐閣書房・成美堂，東京，pp. 576.

榧根 勇（1989）水と気象．朝倉書店，東京．pp. 181.

数原良彦・篠沢佳久・桜井彰人（2008）Folksonomyタグを用いた個人の視点に基づくコンテンツ検索手法. 22回日本人工知能学会論文集, 2H1-4, 1-2.

引用文献

北原大発智（1883）同答．大日本山林会報告，13号，33-34．

木村喬顕・山田熹一（1914）有林地ト無林地トニ於ケル水源涵養比較試験．林業試験報告12，1-84．

小宮山　宏（2007）知識の構造化．オープンナレッジ，東京，pp.255．

久米　篤　責任編集（2007）森林水文学．森林の水のゆくえを科学する．森北出版，東京．339pp．

小林傳司編（2002）公共のための科学技術．玉川大学出版部，町田，pp.295．

小林彦太郎編（1906）山梨縣案内．山梨日々新聞又新社，甲府，pp.143．

小林亀吉編（1890）第三回内国勧業博覧会案内記．小林安太郎，pp.28．

橡尾平兵衛（1883）山林の功用ヲ問第一．大日本山林会報告，13号，32-33．

國　雄行（2005）博覧会の時代．明治政府の博覧会政策．岩田書院，東京．pp.291．

蔵治光一郎（2003）森林の緑のダム機能（水源涵養機能）とその強化に向けて．日本治山治水協会．東京．pp.76．

蔵治光一郎（2003）森林の緑のダム機能とその強化に向けて．日本治山治水協会，東京，pp.76．

蔵治光一郎（2007）社会は森林水文学に何を求めているか．森水社会学の構築に向けて．In 森林水文学編集委員会編（2007）森林水文学．森林の水のゆくえを科学する．森北出版，東京．pp.339．

蔵治光一郎（2010）「森と水」の関係を解き明かす．現場からのメッセージ．全国林業改良普及協会，東京，pp.231．

松本洋一郎（2007）学術創生としての知の構造化．情報処理学会誌48（8），813-818．

松波秀実（1919）明治林業史要．（上）In 原書房（1990）明治百年史叢書384，原書房，東京，pp.589．

箕浦康子(1999)フィールドワークの技法と実際．マイクロ・エスノグラフィー入門．ミネルヴァ書房，京都．pp.231．

水野祥子（2006）イギリス帝国からみる環境史．インド支配と森林保護．岩波書店，東京，pp.241.

諸戸北郎（1939）第八十八回講演集諸戸北郎講演　森林と治水．啓明会，東京．

文部省検定（1901）高等小学校国語科児童用教科書．高等国語讀本女子用上篇巻二．第二十課山林の恵．http://www2.u-netsurf.ne.jp/~s-juku/kyokasho_4.html

文部省検定（1901）小學農業教科書巻二．第二十課山林の効用（上）
http://www2.u-netsurf.ne.jp/~s-juku/kyokasho_8.html

文部省検定（1901）小學農業教科書巻二．第二十一課山林の効用（下）
http://www2.u-netsurf.ne.jp/~s-juku/kyokasho_8.html

長池敏弘（1973）高島得三の生涯とその事蹟（上）．林業経済．294, 26-36.

長池敏弘（1973）高島得三の生涯とその事蹟（下）．林業経済．295, 18-25.

長倉純一郎（1893）水源涵養林ニ関スル林業ノ方法．大日本山林会報告 132, 1-17.

西　師意（1890）治水論．清明堂，富山．pp.101.

中野秀章（1976）森林水文学．共立出版，東京．pp.231.

中山浩太郎(2008)Wikipediaマイニングによる大規模Webオントロジの実現．22回日本人工知能学会論文集, 1G2-1.1-4.

中山浩太郎(2007)大規模Web事典からのシソーラス辞書構築．日本データベース学会 Letters Vol.5, No,4.1-4.

日本学術会議（2009）日本学術会議サイエンスカフェ実施へのお誘い．http://www.scj.go.jp/ja/event/pdf/cafe.pdf

丹羽智史・土肥拓生・本位田真一（2006）Folksonomyマイニングに基づくWebページ推薦システム．情報処理学会誌47（5），1382-1392.

野口陽一（1984）歴史としての森林影響研究（Ⅰ）．水利科学157, 22-39.

野口陽一（1989）森林影響学史略．水利科学33, 64-88.

引用文献

野口陽一(1992)科学としての森林影響論要略.諸家の言葉の今日的意義.水利科学 206, 63-85.

農商務省山林局(1883)山林共進會報告.－－経験ノ部,履歴ノ部,参考ノ部.In 明治文献資料刊行会(1972)明治前期産業発達史資料 補巻(32)-(34).

農商務省山林局(1888)欧州森林報告.農商務省山林局, pp.440.

小原秀夫監修・阿部 治・リチャード・エバノフ・鬼頭秀一共編(1995)環境思想の系譜1.環境思想の出現.東海大学出版会,東京. pp.303.

尾高惇忠(1891)治水新策 In 農業土木学会古典復刻委員会編(1989)農業土木古典選集8巻 治水論.日本経済評論社,東京.

大橋邦夫(1991)公有林における利用問題と経営展開に関する研究(1).山梨県有林の利用問題.東京大学農学部演習林報告. 85, 85-165.

岡 泰正(1992)めがね絵新考.浮世絵師たちがのぞいた西洋.筑摩書房,東京. pp.275.

大村 寛(1978)イングランドとウェールズにおける 1975〜76 の旱魃.水利科学 123, 97-112.

ピアス,フレッド(古草秀子訳,沖 大幹解説,2008)水の未来.世界の川が干上がるときあるいは人類最大の環境問題.日経 BP 社,東京, pp.508.

ピット,ジャン・ロベール(手塚 章・高橋伸夫訳,1998)フランス文化と風景(下).東洋書林,東京. pp.258.

ロッシ,パオロ(前田達郎訳,1970)魔術から科学へ.サイマル出版会. pp.275.

佐藤博之(1985)博覧会と地質調査所.百年史の一こま(2).地質ニュース 372号, 17-28.

渋沢華子(1995)渋沢栄一,パリ万博へ.国書刊行会,東京, pp.247.

白河太郎(1902)帝国林政史(全).In 明治文献資料刊行会(1972)明治前期産業発達史資料別冊(111)(3),明治文献資料刊行会,東京.

薗部一郎（1940）林業政策（上巻）．西ヶ原刊行会，東京．pp.521.

スクリーチ，タイモン（高山　宏訳，2003）定信お見通し．寛政視覚改革の治世学．青土社，東京．pp.487.

菅原正巳（1972）水文学講座7　流出解析法．共立出版，東京．

スタフォード，バーバラ,M. 1994（高山　宏訳,1997）アートフル・サイエンス．啓蒙時代の娯楽と凋落する視覚教育．産業図書，東京, pp.465.

鈴木賢哉・田中隆文（2007）金原明善による天竜植林の防災的意義．水利科学 296.69-96.

田嶋　悟（2003）地租改正と殖産産業．山梨県の場合．御茶の水書房，東京，pp.291.

高樹のぶ子（2005）HOKKAI．新潮社，東京，pp.303.

高樹のぶ子（2007）高島北海．HOKKAI　萩とナンシー．萩ものがたり，萩市．pp.60.

高橋琢也（1888）森林杞憂．In 明治文献資料刊行会（1972）明治前期産業発達史資料別冊（112）(1)，明治文献資料刊行会，東京．

高橋　裕（1971）国土の変貌と水害．岩波新書．岩波書店，東京，pp.217.

高山　宏（2007）近代文化史入門．超英文学講義．講談社，東京，pp.315.

玉手三棄寿（1923）有林地と無林地とに於ける水源涵養比較試験，林業試験場研究報告，23，63-100.

田中八百八（1938）山梨県中巨摩郡清川村　森林治水事業の成果．（手書き資料），大日本山林会林業文献センター所蔵．

田中　壌（1882）山林の遺利．大日本山林会誌，10号，246-252.

田中芳男・平山成信（1897）澳国博覧会参同紀要．In 明治文献資料刊行会（1964）明治前期産業発達史資料第8集（2）．明治文献資料刊行会，東京

田中隆文・鈴木賢哉（2008）「Bosch & Hewlett 1982」再考．―針葉樹林・広葉樹林という二分論からの脱却―．水利科学 300.46-68.

田中隆文（2008）環境問題はイメージでは解決しない。ステレオタイプに惑

わされないための水土保全学講義ノート．星雲社，東京，pp.125.

田中隆文・木村正信・近藤観慈・岡本　敦（2010）木曽川水系中津川流域406年間の災害発生と土砂動態．砂防学会誌63（1），3-13.

田中隆文（2010a）森林水源涵養機能論は舶来だったのか？水利科学312，33-62.

田中隆文（2010b）森林水源涵養機能論は舶来だったのか？（II），水利科学，313．37-70.

田中隆文（2010c）森林水源涵養機能論は舶来だったのか？（III），水利科学，314．63-87.

田中隆文（2010d）安易な森林情報と必要な森林情報．－「交わりの森林情報」から「結びの森林情報」への転換，鍵は情報の自律的信頼評価－．大日本山林会誌山林1512.

田中隆文・石尾浩市・今村隆正・逢坂興宏・亀江幸二・後藤宏二・鈴木清敬・西本晴男・尾頭　誠・深見幹朗・町田尚久・松浦純生・松本美善（2013）東日本大震災を契機とする災害情報に関する多様な取り組み事例と問題点の検討．砂防学会誌No.304, 65（5），69-78.

田中隆文（2012）対照流域法の脆弱性．水利科学324,42-61.

手島拓也・桜井慎弥・森田武史・和泉憲明・山口高平（2009）WikipediaとFolksonomyタグに基づくドメインオントロジー構築支援環境の実現と評価．人工知能学会研究会資料．03-1〜03-10.

トフラー，アルビン（徳岡孝夫訳,1982）第三の波．中央公論社（中公文庫），東京．pp.589.

東北支場山形試験地（1980）釜淵森林理水試験地観測報告 1・2号沢試験流域．林業試験場研究報告311, 129-188.

友田煇夫 現代訳（2009）現代語版森林杞憂．東京医科大学，東京．pp.68.

遠山　益（2006）本多静六日本の森を育てた人．実業之日本社，東京．pp.299.

土屋喬雄（1944）解題．89 – 110，In 土屋喬雄編ワグネル，G. 著 G. ワグネル維新産業建設論策集成．北隆館，東京，pp.589.

塚谷晃弘（1964a）ドクトル・ワグネル氏明治十年内国勧業博覧会報告書・解題．In 明治文献資料刊行会（1964）明治前期産業発達史資料第 8 集．明治文献資料刊行会，東京．

塚谷晃弘（1964b）澳国博覧会参同紀要・解題．In 明治文献資料刊行会（1964）明治前期産業発達史資料第 8 集（2）．明治文献資料刊行会，東京．

塚本良則編（1992）：森林水文学．文永堂，東京．pp.321.

津脇晋嗣・高山範理（2006）：既存研究の整理による日本の森林の多面的機能に関する現状と課題．－特に地球環境保全，水源かん養機能に着目して－．森林総合研究所研究報告，5 巻 1 号（通巻第 398 号），pp.1-19.

植村恒三郎（1917）森林ト治水．山林公報臨時増刊第二号．農商務省山林局

ヴァイグル（鈴木　直訳，2004）森と気象．19 世紀に生まれた 1 つの神話．思想 967 号，60-92.

ワグネル，G（浅見忠雄ら訳，1877）明治十年内国勧業博覧会報告書．内国勧業博覧会, pp.178.

ワインバーガー，D. 柏野　零訳（2008）インターネットはいかに知の秩序を変えるか？デジタルの無秩序がもと力，エナジクス，東京．pp.344.

渡邊隆弘（2010）書誌コントロールと目録サービス．図書館界 61（5），556-571.

山本　省（2006）解説．In ジャン・ジオノ（山本　省訳,2006）木を植える人．彩流社，東京．pp.121.

山本徳三郎（1919）森林の水源涵養論．東文堂，東京，pp.137.

山梨県（1922）山梨縣林政誌（全）．山梨県，甲府，pp.330.

山梨県（2002）山梨県恩賜県有財産御下賜 90 周年記念誌．山梨県，甲府，pp.344.

山梨県北巨摩郡農会（1902）明治参拾五年九月林学士塩澤健君林業講和筆記，

山梨県北巨摩郡農会事務所，穴山村 pp. 39.

山梨縣中巨摩郡聯合教育會編(1928)中巨摩郡志．山梨縣中巨摩郡聯合教育會，pp. 2248.

山崎正一・田島節夫（1986）現代哲学入門．有斐閣，東京．pp. 251.

吉田光邦編（1985）図説万国博覧会史：1851-1942．思文閣出版，京都，pp. 19.

吉田光邦編（1986）万国博覧会の研究．思文閣出版，東京，pp. 357.

ゾン（平田徳太郎訳，1928）森林と水．In 農商務省山林局編山林彙報 第6號附録．

引用文献および解析に使用した文献（英文）

Alila,Y., P. K. Kuras, M. Schnorbus & R. Hudson（2009）Forests and floods: A new paradigm sheds light on age-old controversies. Water Resources Research, VOL. 45, W08416, doi:10.1029/2008WR007207

Andréassian, V.（2004）Waters and forests: from historical controversy to scientific debate. Journal of Hydrology. 1-27.

Beven, K. J.& Kirkby, M. J.（1979）A physically-based variable contributing area model of basin hydrology. Hydrol. Sci. Bull., 24, 43-69.

Bosch, J.M. and Hewlett, J.D.（1982）A review of catchment experiments to determine the effect of vegetation changes on water yield and evapotranspiration. J. Hydrol., 55: 3-23.

DeWalle, D. R.（2003）Forestry hydrology revisited. Hydrological Process 17, 1255-1256

Dunne, T.（1998）Critical data requirements for prediction of erosion and sedimentation in mountain drainage basins, J. Am. Water Resour.Assoc., 34, 795. 808, doi:10.1111/j.1752-1688.1998.tb01516.x.

Edwards, M. V.（1963）Marginal aspects of modern British forestry. Forestry 36, 53-64.

Evelyn, John（1678）Silva, or discourse of forest-trees, propagation of timber. Arthur Doubleday & Company, London.

Forest and Estate Management（1885）The traveling forester in Asia. Exhibition Intelligence. Forest and Estate Management 10, 33-417.

Forestry Commission（2003）Forests & Water Guidelines. Forestry Commission, Edinburgh. pp.72

Fuller, G. D.（1911）Evaporation and plant succession. Botanical Gazette. 52(3), 193-208.

Grove, Richard H. (1995) Green Imperialism. Colonial expansion, Tropical island Edens and the origins of environmentalism 1600-1860. Cambridge University Press, Cambridge. pp.540

Henri, E. (1904) Plains forests and underground waters. Indian Forester 30, 109-115

Hewlett, John D. & Nutter, Wade L. (1969) An outline of forest hydrology. University of Georgia Press, Athens, Ga. pp.137.

Hewlett, J. D. (1982) Principles of Forest Hydrology. University of Georgia Press: Athens; pp.192.

Keller, H. M. (1987) European experiences in long-term forest hydrology research. In Swank, W. T. & Crossley, D. A. (Eds.) Forest hydrology and ecology at Coweeta. Springer-Verlag. New York 407-414.

Kittredge, Joseph (1948) Forest Influences. the effects of woody vegetation on climate, water, and soil, with applications to the conservation of water and the control of floods and erosion McGraw-Hill, New York. pp.394.

Komatsu, H., Tanaka, N. and Kume, T.(2007) Do coniferous forests evaporate more water than broad-leaved forests in Japan? J. of Hydrology 336, 361-375.

Lee, R. (1980) Forest Hydrology. Columbia University Press: New York; pp.349

Levia , Delphis F., Darryl Carlyle-Moses, Tadashi Tanaka Eds. (2011) Forest Hydrology and Biogeochemistry: Synthesis of Past Research and Future Directions. Springer,pp.740

Marsh, G. P. (1867) Man and nature; or Physical geography as modified by human action. Charles Scribner & Co., New York, pp.577

Matthieu, A (1878) Météorologie comparée agricole et forestière : rapport à M. le sous-secrétaire d'état, president du conseil d'administration des forêts, 25 février, Imprimerie Nationale, Paris, pp.70

McCulloch, J.S.G., Robinson, M. (1993) History of forest hydrology. Journal of Hydrology 150, 189-216.

Miller, Char (2005) French lessons. F. P. Baker, American forestry, and the 1878 Paris Universal Exposition. Forestry history today. Spring/Fall 2005

Mingteh Chang (2012) Forest Hydrology: An Introduction to Water and Forests. CRC Press, pp.595

Nature (1884) The forestry exhibition. Nature June 26,1884, 194-195

Nature (1884) The forestry exhibition. Nature July 3,1884, 221-223

Nature (1884) The forestry exhibition. Nature July 10,1884, 243-244

Nature (1884) The forestry exhibition. Nature July 31,1884, 309-310

Nature (1884) The forestry exhibition. Nature August 7,1884, 337-338

Oki, T. and Kanae, S.(2006) Global Hydrological Cycles and World Water. Science 313, 1068-1072.

Rattray, John & Mill, Hugh Robert (1885) Forestry and forest products: Prize essays of the Edinburgh international forestry exhibition, 1884. David Douglas, Edinburgh, pp. 569.

Research paper RMRS-GTR-29. United States Department of Agriculture Forest Service Rocky Mountain Research Station.

Schlich, William, C. I. E. (1896) Schlich's manual of forestry. Vol. 1. Introduction to forestry. Bradbury, Agnew, & Co., London. pp. 294.

Schmaltz, N. J. (1980) Forest researcher Raphael Zon. J.of Forest History. 24(1), 24-39.

Schmidt, Uwe E. (2009) German impact and influences on American forestry until World War II. J. of Forestry 107, 139-145.

Stafford, B. M. (1994) Artful Science. Enlightment Entertainment and the Eclipse of Vidual Education. The MIT Press. Cambridge (Massachusetts), pp.350

Stednick, J.D. (1996) Monitoring the effects of timber harvest on annual water yield. Journal of Hydrology 176 (1/4), 79-95.

Swank, W. T. & Douglass, J. E. (1974) Streamflow greatly reduced by converting deciduous hardwood stand to pine. Science. 185, 857-859.

Swanson, R. H. (1998) Forest hydrology issues for the 21st century: A consultant's viewpoint. Journal of the American water resources association. 34 (4) 755-763.

Swift, L.W., Swank, W.T. (1981) Long term responses of stream-flow following clearcutting and regrowth. Hydrological Sciences Bulletin 26 (3), 245.256.

Tenhunen, J., Alsheimer, M., Falge, E., Heindl, B., Joss, U., Kostner, B., Lischeid, G., Manderscheid, B., Ostendorf, B., Peters, K., Ryel, R. and Wedler, M. (1995) Water fluxes in a Spruce Forest Ecosystem. A framework for process study integration. In review: Hantschel, R., Beese, F., Lenz, R. Processes in managed ecosystems. Ecological studies series, Springer Verlag.(A draft paper).

Tenhunen, J. D., Lenz, R., Hantschel, R. (Eds.) 2001, Ecosystem approaches to landscape management in Central Europe. Springer: Berlin; 652.

Thevénon E. (2002) Preparing the forest of tomorrow. Lavel France 48.30-31

Van Haveren, Bruce, P. (1988) A reevaluation of the Wagon Wheel Gap forest watershed experiment. Forest Science, 34. 208-214.

索引

あ

アマゾン……………………… 135
イーヴリン…………………… 13
エメンタール……… 11, 78, 105, 106
英領インド…24, 25, 28, 29, 42, 44, 46, 91, 92, 116, 141
お雇い外国人…31, 45, 51, 54, 71, 89, 141

か

科学コミュニケーション論…92, 93, 109, 127
科学革命……92, 96, 98, 99, 111, 112
重ね合わせ…134, 135, 136, 138, 139, 140
仮説検証…………………… 124
木を植える人………………… 21
キュレーター………………… 140
教科書… 23, 90, 91, 94, 97, 109, 110, 115, 116, 133, 137, 138
近代科学…3, 59, 60, 84, 93, 94, 96, 97, 98, 100, 101, 102, 104, 105, 107, 108, 109, 110, 111, 112, 116, 124, 125, 126, 142, 143, 145, 147
金原明善………………… 75, 76

啓蒙主義……… 92, 96, 99, 111, 112
弘仁十二年の太政官府………… 36
コンテンツ……………… 143, 145
コンテキスト……… 3, 143, 145, 146

さ

サプリメントファイル…… 130, 133
皿を洗う…………… 107, 109, 117
昭和の時代…………… 135, 136
小流域試験… 11, 17, 78, 79, 84, 104, 105, 110, 112, 119, 149
森林法… 3, 10, 15, 19, 21, 28, 29, 41, 46, 78, 84, 85, 86, 88, 89, 90, 91, 93, 94, 105, 109, 127, 141
森林治水事業…………… 70, 84, 88
状況依存性…………… 126, 127, 133
自律的………………… 136, 140
ステレオタイプ… 97, 113, 116, 125, 139
精緻化…94, 96, 104, 116, 118, 119, 126, 128, 131, 132, 133, 142, 143, 145
素過程 …76, 77, 80, 82, 83, 84, 88, 100, 103, 104, 111, 119, 142

た

大日本山林会報告…10, 31, 35, 40, 44, 55, 77, 89, 141
妥当性境界…………… 127, 133

167

高島得三（北海）…44, 45, 57, 58, 60, 61, 64, 85

田中芳男……………………31, 57, 58

単純理想状態…96, 97, 98, 99, 100, 102, 115, 116, 125, 135

断片的（な）情報…122, 130, 131, 133, 134, 135, 136, 137, 138, 139, 140

担当者の判断…………123, 135, 136

治水…10, 18, 31, 77, 79, 80, 81, 107

知の構造化………………130, 131

知の組織化………………130, 131

知の野生化…………132, 143, 149

注釈…112, 113, 115, 116, 117, 119, 120, 121, 122, 123, 124, 125, 126, 127, 128, 129, 130, 132, 133, 135, 136, 137, 139, 143, 145, 146, 147

データベース…121, 122, 129, 133, 134

展示…38, 39, 40, 41, 42, 43, 44, 45, 49, 50, 53, 55, 56, 58, 59, 62, 64, 73, 74

土砂扞止… 35, 36, 37, 47, 50, 55, 56, 57, 58, 62, 64, 65, 67, 69, 70, 71, 74, 75, 76, 78, 83, 85, 86, 87, 88, 91, 142

トップダウン…… 74, 133, 134, 138

な

内国勧業博覧会…45, 47, 49, 50, 51, 53, 54, 55, 56, 57, 58, 62, 63, 64, 65, 69, 71, 73, 74, 76, 77, 84, 85, 86, 87, 142

中巨摩郡→山梨県中巨摩郡

ナンシー森林学校…… 19, 21, 45, 77

ノレッジ … 94, 96, 100, 101, 102, 109, 115

ネイチャー（Nature）誌…39, 42, 43, 141

は

舶来ニアラズ…10, 11, 15, 17, 21, 24, 28, 29, 31, 35, 37, 38, 46, 89, 141

はげ山…21, 35, 41, 42, 54, 57, 74, 76

万国博覧会…31, 38, 39, 40, 41, 42, 45, 49, 53, 55, 77

褒章…38, 39, 47, 49, 50, 56, 57, 58, 62, 64, 65, 71, 73, 76

平田徳太郎………………… 11, 91

ピンポイント……………118, 122

フーコー……………………59, 60

ブラックボックス… 100, 101, 104, 105, 111, 112, 142

フレーミング……………126, 127

プロセス… 77, 80, 84, 96, 100, 101, 103, 105, 111, 117, 126

フンボルト………104, 105, 113, 116
文明開化………………36, 37, 111
変数結節…………………126, 127
ボトムアップ 74, 133, 134, 138, 147
本多静六……………11, 23, 84, 88

ま

交わり…118, 119, 120, 121, 122, 123, 128, 136, 137, 142

結び…116, 118, 119, 120, 121, 123, 126, 128, 129, 130, 132, 136, 137, 142, 145, 146

メタ情報……………………… 134
諸戸北郎……………………… 78

や

野外科学…3, 97, 98, 102, 103, 104, 107, 109, 115, 120, 121, 123, 124, 126, 128, 130, 131, 132, 134, 142, 146

山本徳三郎………………11, 91
山梨県中巨摩郡…56, 57, 58, 65, 66, 67, 68, 69, 70, 71, 73, 74, 76, 85, 86, 87, 142

ら

林業試験場…9, 10, 79, 80, 81, 82, 83, 91, 101
ローカル・ノレッジ………93, 127

わ

ワゴンホイールギャップ……… 17
ワグネル… 49, 51, 52, 53, 54, 55, 85, 89, 141

著者略歴

田中隆文（たなか・たかふみ）
名古屋大学大学院生命農学研究科　准教授

2000年より現職。2003～2004年 James Cook 大学（豪州）熱帯雨林研究センター客員研究員。三重大学生物資源学部非常勤講師。あいち海上の森大学運営委員。砂防学における「知の野生化」研究会を主宰。専門は、森林水文学・砂防学。
著書に、『環境問題はイメージでは解決しない。―ステレオタイプに惑わされないための水土保全学ノート―』（2008年、星雲社）。

2014年7月25日　第1版第1刷発行

「水を育む森」の混迷を解く
「注目する要因だけの科学」から「全てを背負う科学」への転換

著　者	田 中 隆 文
カバー・デザイン	峯 元 洋 子
発　行	㈳日本治山治水協会
	〒100-0014
	東京都千代田区永田町2－4－3
	TEL 03-3581-2288　FAX 03-3581-1410
発　売	森と木と人のつながりを考える
	㈱日本林業調査会
	〒160-0004
	東京都新宿区四谷2－8　岡本ビル405
	TEL 03-6457-8381　FAX 03-6457-8382
	http://www.j-fic.com/
印刷所	藤原印刷㈱

定価はカバーに表示してあります。
許可なく転載、複製を禁じます。

Ⓒ 2014 Printed in Japan. Takafumi Tanaka

ISBN978-4-88965-239-0

再生紙をつかっています。

森と木と人のつながりを考える **日本林業調査会（J-FIC）の書籍**

広葉樹の森づくり

豪雪地帯林業技術開発協議会　編

定価：本体 2,500 円＋税　2014 年 3 月発行

A5 判　306 ページ　並製　ISBN978-4-88965-236-9

行こう「玉手箱の森」

矢部三雄　著

定価：本体 1,200 円＋税　2013 年 12 月発行

四六判　240 ページ　並製　ISBN978-4-88965-235-2

財産区のガバナンス

古谷健司　著

定価：本体 2,500 円＋税　2013 年 10 月発行

A5 判　260 ページ　並製　ISBN978-4-88965-234-5

林業の創生と震災からの復興

久保田宏 , 中村元 , 松田智　共著

定価：本体 1,500 円＋税　2013 年 7 月発行

A5 判　131 ページ　並製　ISBN978-4-88965-232-1

間違いだらけの日本林業―未来への教訓―

村尾行一　著

定価：本体 2,500 円＋税　2013 年 5 月発行

A5 判　280 ページ　並製　ISBN978-4-88965-229-1

●お求めは、お近くの書店、または当社へ直接ご注文ください。

株式会社日本林業調査会　〒 160-0004 東京都新宿区四谷 2-8 岡本ビル 405
TEL.03-6457-8381　FAX.03-6457-8382
E-MAIL.info@j-fic.com　http://www.j-fic.com/

J-FIC

森と木と人のつながりを考える　**日本林業調査会（J-FIC）の書籍**

電子書籍の販売を始めました！
下記の電子書籍ストアにてお買い求めください。

Q&A 里山林ハンドブック
監修：林進
編：木文化研究所
1,764 円（税別）

（絶版本が電子で復活！）

美しい森をつくる
著：速水勉
1,588 円（税別）

（絶版本が電子で復活！）

コモンズと地方自治
共著：泉留維、齋藤暖生、山下詠子、浅井美香
2,205 円（税別）

（絶版本が電子で復活！）

露・英・和森林辞典
編：藤原滉一郎、菊間満、B・ハーベルゲル
3,528 円（税別）

（絶版本が電子で復活！）

地球環境時代の水と森
監修：太田猛彦、服部重昭
編：水利科学研究所
2,028 円（税別）

（絶版本が電子で復活！）

国産材はなぜ売れなかったのか
著：荻大陸
1,764 円（税別）
紙版もあります！

世界の林業労働者が自らを語る
編：ベルント・シュトレルケ
訳：菊間満
2,028 円（税別）
紙版もあります！

森をゆく
著：米倉久邦
1,588 円（税別）
紙版もあります！

吉野林業全書
著：土倉梅造
4,410 円（税別）
紙版もあります！

立木幹材積表　西日本編／東日本編
編：林野庁計画課
各 1,764 円（税別）
紙版もあります！

【取り扱い電子書籍ストア】　楽天 Kobo ／ BookLive! ／ ebook Japan ／ honto ／紀伊国屋 Kinoppy ／ Yahoo! ブックストア／セブンネットショッピング／ BooksV

※電子書籍の使い方や購入方法などは、各ストアのガイド等をご参照ください。
※ストアによって価格が変わることがあります。